"十四五"职业教育河南省规划教材

Premiere Pro 视频编辑案例精讲

主审 李永梅
主编 贾利霞 程 洁

航空工业出版社

北京

内 容 提 要

Premiere Pro 是一款优秀的视频编辑软件,也是视频创作者不可或缺的工具。本书采用项目任务式结构,结合大量案例系统地介绍了 Premiere Pro 的核心功能和应用技巧,旨在帮助读者深入理解软件的各项功能,有效提升实践能力和技能水平。全书分为 9 个项目,内容涵盖 Premiere Pro 快速上手、视频剪辑与关键帧动画、视频过渡、视频效果、字幕制作与图形绘制、蒙版与抠像、调色、音频编辑、综合应用。

本书可作为各类院校计算机、影视动画等相关专业的教学用书,也可供广大视频创作爱好者自学使用。

图书在版编目（CIP）数据

中文版Premiere Pro视频编辑案例精讲 ／ 贾利霞,
程洁主编. -- 北京 : 航空工业出版社, 2024. 9
（2025. 7重印）. -- ISBN 978-7-5165-3796-1
Ⅰ．TN94
中国国家版本馆CIP数据核字第20249FG382号

中文版 Premiere Pro 视频编辑案例精讲
Zhongwenban Premiere Pro Shipin Bianji Anli Jingjiang

航空工业出版社出版发行
（北京市朝阳区京顺路 5 号曙光大厦 C 座四层　100028）
发行部电话：010-85672666　010-85672683　　　读者服务热线：010-85672635

北京鑫益晖印刷有限公司印刷　　　　　　　　　全国各地新华书店经售
2024 年 9 月第 1 版　　　　　　　　　　　　　 2025 年 7 月第 2 次印刷
开本：787×1092　1/16　　　　　　　　　　　　字数：319 千字
印张：15.5　　　　　　　　　　　　　　　　　 定价：69.00 元

前言
PREFACE

全媒体时代，传统媒体和新兴媒体融合发展，视频作为一种重要传播媒介，在各个领域扮演着越来越重要的角色，对信息交流、营销推广、教育培训、文化传承等产生了深远的影响。此外，随着我国网络视频（含短视频）发展环境的持续优化，越来越多的个人、组织和团体加入视频创作的大军中。而视频创作又离不开视频编辑，这就使得视频编辑软件的应用越来越广泛。

Premiere Pro 作为行业领先的专业视频编辑软件，它功能强大、界面友好、操作直观、易于上手，为用户提供了采集、剪辑、过渡与特效、字幕、抠像、调色、音频编辑和作品输出等完整的视频编辑功能，广泛应用于影视与广告制作等领域。为帮助广大读者更好地掌握 Premiere Pro 的核心功能和应用技巧，高效、专业地编辑视频作品，拓宽职业发展空间，我们精心策划和编写了本书。

本书特色

一、立德树人，德技并修

党的二十大报告指出："育人的根本在于立德。"本书积极贯彻党的二十大精神，始终坚持价值塑造、知识传授和能力培养"三位一体"的育人理念，在正文中适时安排"拓展阅读"栏目，以培养学生的爱国奉献、积极进取、追求卓越、遵纪守法、勤俭节约等良好品德，引导学生树立正确的世界观、人生观和价值观，主动肩负起时代责任和历史使命，成为对国家和社会有用的时代新人。

二、校企合作，学练结合

本书的编写工作在一线优秀教师和行业专家的参与和指导下进行，且书中所选取的案例均与实际应用紧密相关，这不仅有助于学生更好地理解和掌握所学知识，还可以锻炼学生的工作思维和实践技能，为以后更快适应企业工作打下坚实的基础。

三、全新形态，全新理念

本书以"理论够用，重在实践"为原则，采用项目任务式编写形式，除项目九外，每个项目均分为项目导读、学习目标、任务、项目实训、项目考核和项目评价6个模块。

（1）**项目导读**：简单介绍项目背景知识，引出项目的主要内容。

（2）**学习目标**：包括知识目标、能力目标和素质目标，分别对应学生学完当前项目要掌握的知识要点、具体技能和要具备的职业素养，便于学生有针对性地学习。

（3）**任务**：每个项目包括不同任务，每个任务又分为任务描述、基础知识和任务实施3个部分。首先通过任务描述简单概括当前任务的主要内容，然后通过基础知识讲解当前任务涉及的理论知识，最后通过任务实施制作一个与当前任务主题紧密相关的案例，帮助学生深入理解和掌握所学知识与技能，提升实践能力。

（4）**项目实训**：精心安排一个能体现项目主要知识和技能的实操案例，进一步提升学生对知识的应用能力，使学生能够活学活用、举一反三。

（5）**项目考核**：包括选择题和操作题，让学生自主检测学习质量，查漏补缺，及时巩固所学知识和相关技能。

（6）**项目评价**：安排一个学习效果评价表，从自评、学生互评和教师评价等不同角度全面评价学生的学习情况及学习效果。

此外，本书正文中还适时安排了"提示""小技巧""知识库"等栏目，以降低学习难度，拓宽学生视野，提高学生学习的积极性和效率。

四、平台支撑，资源丰富

本书配有丰富的数字资源，读者可以借助手机或其他移动设备扫描二维码观看微课视频，也可以登录文旌综合教育平台"文旌课堂"查看和下载本书配套资源，如教学课件、教案、素材与实例、项目考核答案等。读者在学习过程中有疑问时，也可以登录该平台寻求帮助。

此外，本书还提供了在线题库，支持"教学作业，一键发布"，教师只需通过微信或"文旌课堂"App扫描扉页二维码，即可迅速选题、一键发布、智能批改，并查看学生的作业分析报告，提高教学效率、提升教学体验。学生可在线完成作业，巩固所学知识，提高学习效率。

前 言

本书创作团队

本书由李永梅担任主审,贾利霞、程洁担任主编,吴翰青担任副主编。由于编者水平有限,书中可能存在疏漏与不妥之处,敬请各位读者批评指正。

特别说明

在本书编写过程中,编者参考了大量资料并引用了部分图片。这些资料大部分已获授权,但由于部分资料来自网络,我们未能确认出处,也无法联系到原作者。对此,我们深表歉意,并欢迎原作者随时与我们联系。

此外,本书中的案例大都为企业真实案例,但为了避免引起不必要的误会,其中的企业名均使用了化名,特此声明。

本书配套资源下载网址和联系方式

网址:https://www.wenjingketang.com
电话:400-117-9835
邮箱:book@wenjingketang.com

CONTENTS

项目一　Premiere Pro 快速上手 / 001

任务一　初识 Premiere Pro / 002
　　任务描述 / 002
　　一、视频编辑基础知识 / 002
　　二、Premiere Pro 的应用领域与相关岗位 / 005
　　三、Premiere Pro 中视频的相关概念 / 006
　　四、Premiere Pro 支持的媒体文件格式 / 008
　　任务实施——安装 Premiere Pro / 009

任务二　走进 Premiere Pro / 010
　　任务描述 / 010
　　一、Premiere Pro 的工作界面 / 011
　　二、项目操作 / 015
　　三、序列操作 / 018
　　四、素材的导入、查看与管理 / 020
　　五、输出操作 / 026
　　任务实施——制作"文化中国"宣传片 / 029

项目实训 / 032

项目考核 / 035

项目评价 / 037

项目二 视频剪辑与关键帧动画 / 039

任务一 了解视频剪辑 / 040

任务描述 / 040

一、认识剪辑常用面板 / 040

二、熟悉常用剪辑方法 / 049

任务实施——制作长城宣传片 / 050

任务二 制作关键帧动画 / 052

任务描述 / 052

一、添加关键帧 / 053

二、编辑关键帧 / 056

任务实施——制作成长纪念电子相册 / 057

项目实训 / 062

项目考核 / 063

项目评价 / 065

项目三 视频过渡 / 067

任务一 了解、管理与应用视频过渡 / 068

任务描述 / 068

一、了解视频过渡 / 068

二、管理视频过渡 / 069

三、应用视频过渡 / 071

任务实施——制作风景短视频 / 074

任务二 编辑视频过渡 / 077

任务描述 / 077

一、设置视频过渡 / 078

二、替换、删除与复制视频过渡 / 079

任务实施——制作"诗词大会"片头 / 080

项目实训 / 083

项目考核 / 084

项目评价 / 086

项目四　视频效果 / 088

任务一　了解、添加与编辑视频效果 / 089

任务描述 / 089

一、了解视频效果 / 089

二、添加视频效果 / 090

三、设置视频效果 / 096

四、复制、删除与隐藏视频效果 / 097

任务实施——制作汽车广告短片 / 098

任务二　掌握视频效果高级应用 / 101

任务描述 / 101

一、保存预设视频效果 / 102

二、使用调整图层添加视频效果 / 102

任务实施——制作动物集锦视频 / 104

项目实训 / 106

项目考核 / 109

项目评价 / 111

项目五　字幕制作与图形绘制 / 113

任务一　制作字幕 / 114

任务描述 / 114

一、使用"旧版标题"命令制作字幕 / 114

二、使用"字幕"命令和"字幕"面板制作字幕 / 119

三、使用文字工具和"基本图形"面板制作字幕 / 120

任务实施——制作音乐节字幕 / 121

任务二　绘制图形 / 124

任务描述 / 124

一、使用"旧版标题"命令绘制图形 / 124

二、使用图形绘制工具和"基本图形"面板绘制图形 / 125

三、将字幕与图形结合使用 / 125

任务实施——制作播放进度条效果 / 127

项目实训 / 130

项目考核 / 133

项目评价 / 136

项目六　蒙版与抠像 / 138

任务一　认识蒙版 / 139

任务描述 / 139

一、了解蒙版 / 139

二、使用蒙版 / 140

三、使用蒙版跟踪 / 144

任务实施——制作中国茶广告短片 / 144

任务二　认识抠像 / 148

任务描述 / 148

一、了解抠像 / 148

二、使用色彩类键控视频效果抠像 / 149

三、使用遮罩类键控视频效果抠像 / 152

任务实施——制作旅行 vlog 片头 / 154

项目实训 / 156

项目考核 / 159

项目评价 / 161

项目七　调色 / 163

任务一　使用视频效果调色 / 164

任务描述 / 164

一、色彩基础 / 164

二、调色常用视频效果 / 166

任务实施——制作怀旧老电影效果 / 168

任务二　使用 Lumetri 调色 / 170

任务描述 / 170

一、"Lumetri 范围"面板 / 171

二、"Lumetri 颜色"面板 / 173

任务实施——制作小清新色调效果 / 175

项目实训 / 177

项目考核 / 179

项目评价 / 181

项目八　音频编辑 / 183

任务一　处理音频 / 184
　　任务描述 / 184
　　一、音频轨道 / 184
　　二、设置音频 / 186
　　三、使用"音轨混合器"面板处理音频 / 189
　　任务实施——制作超重低音效果 / 191

任务二　应用音频效果和音频过渡 / 193
　　任务描述 / 193
　　一、应用音频效果 / 193
　　二、应用音频过渡 / 198
　　任务实施——制作回声效果 / 198

项目实训 / 200
项目考核 / 202
项目评价 / 204

项目九　综合应用 / 206

任务一　制作美食节目宣传片 / 207
　　任务分析 / 207
　　任务实施 / 208

任务二　制作汽车广告 / 219
　　任务分析 / 219
　　任务实施 / 220

项目评价 / 231

参考文献 / 233

项目一

Premiere Pro 快速上手

项目导读

Premiere Pro 是目前较为流行的视频编辑软件，利用它可以对视频、音频、图像等素材进行综合处理，包括剪辑素材，为素材添加过渡、效果和文字，抠取素材，为素材调色等，以创作出满意的视频作品。

本项目将通过介绍视频编辑基础知识，以及 Premiere Pro 的应用领域、相关岗位、工作界面、常用操作等，带领读者初步认识视频编辑和 Premiere Pro，从而为之后的学习打下坚实的基础。

学习目标

知识目标
- 了解视频编辑的准备工作与工作流程。
- 了解 Premiere Pro 的应用领域与相关岗位。
- 了解 Premiere Pro 中视频的相关概念。
- 了解 Premiere Pro 支持的媒体文件格式。
- 熟悉 Premiere Pro 的工作界面。
- 掌握 Premiere Pro 中项目、序列、素材与输出的基本操作。

能力目标
- 能够安装 Premiere Pro。
- 能够制作简单的视频作品。

素质目标
- 培养对视频编辑的兴趣和热情，提升观察力和探究力。
- 科学规划职业发展方向，夯实基础知识和能力，为个人的长远发展提供助力。
- 自觉传承和弘扬中华优秀传统文化，增强文化自信。

任务一　初识 Premiere Pro

任务描述

本任务首先介绍视频编辑和 Premiere Pro 的基础知识，包括视频编辑的准备工作与工作流程，Premiere Pro 的应用领域与相关岗位，Premiere Pro 中视频的相关概念，Premiere Pro 支持的媒体文件格式，然后演示 Premiere Pro 的安装过程（本书使用的软件版本为 Adobe Premiere Pro CC 2018），为后续的全面、深入学习做好准备。

一　视频编辑基础知识

一部视频作品的诞生，往往经历剧本创作、前期拍摄、后期编辑等多个环节。在整个过程中，视频编辑是非常重要的环节，对作品的质量起着关键作用。

1. 准备工作

在开始视频编辑工作之前，需要先做好准备工作，包括熟悉素材、整理素材、构思编辑思路和选取背景音乐等。将所有准备工作都做到位，不仅可以节省时间、提高编辑效率，还有助于制作出高质量的视频作品。

（1）**熟悉素材**。浏览所有素材，对每段素材的内容做到心中有数，并大致梳理编辑思路。图 1-1 为"遇见中国——老家河南"宣传片的素材。

（2）**整理素材**。在浏览过所有素材后，需要对素材进行整理。整理素材的主要目的是确保在制作视频时能快速找到所需素材。尤其是制作素材量比较大的视频时，整理素材显得更加重要。整理素材时，通常先挑选出所需素材，再将这些素材按照时间、地点（场景）、人物、背景音乐等分类放置。

以整理"遇见中国——老家河南"宣传片素材为例，根据"宣传片由中国功夫、中国河、中国艺术、中国字 4 部分视频内容组成，同时配以背景音乐"制作要求，先挑选所需素材，再将挑选出的素材分类放置，即分别放置在以"背景音乐""中国功夫""中国河""中国艺术""中国字"命名的文件夹中，如图 1-2 所示。

图 1-1　熟悉素材　　　　　　　　　图 1-2　整理素材

> **提 示**
>
> 用户也可以根据自己的习惯来整理素材，只要在制作视频过程中能够快速找到所需素材即可。

（3）**构思编辑思路**。整理完素材之后，需要根据素材和剧本（或前期拍摄脚本）构思视频的编辑思路。例如，"遇见中国——老家河南"宣传片主要用于宣传中国功夫、中国河、中国艺术和中国字，因此可以按照宣传内容的顺序将不同素材拼接在一起并加上背景音乐，营造氛围。

（4）**选取背景音乐**。确定好视频的编辑思路之后，需要根据编辑思路并结合视频的内容和风格，选取背景音乐。例如，"遇见中国——老家河南"宣传片汇聚了中国功夫、中国河、中国艺术和中国字等中国元素，因此可以选取具有中国风的音乐。

> **提 示**
>
> 在编辑视频时，用户可以尝试不同背景音乐与视频的搭配，以便创作出更加令人满意的视频作品。为此，可以选取多首不同风格的背景音乐备用。

2. 工作流程

视频作品的编辑大多遵循一定的工作流程，该工作流程通常包括新建项目/序列、导入素材、剪辑素材、添加过渡与效果、添加文字、编辑音频和输出作品。

（1）**新建项目/序列**。新建项目是指创建一个新的项目文件，以帮助用户将不同的视频素材、音频素材、效果和序列等组织在一起，让用户更好地管理和组织视频编辑工作。

序列是一组剪辑，可以包含多条视频轨道和音频轨道。在新建项目后，应根据视频作品的实际应用需要新建序列。每个项目可以包含一个或多个序列，而且项目中的每个序列可以采用不同的设置。

（2）**导入素材**。将准备好的素材导入"项目"面板，并利用"项目"面板提供的功能对素材进行整理、分类，以备视频编辑时使用。Premiere Pro 支持导入的素材类型包括视频、音频、图像等。此外，一些较为特殊的素材，如 Illustrator 矢量图形文件、Photoshop 原始图像文件、After Effects 项目文件等也可以导入 Premiere Pro 中。

（3）**剪辑素材**。剪辑是视频编辑过程中非常重要的一环，是指对素材进行选择、取舍、分解与组接，从而形成一个完整、流畅、有意义的视频作品的过程。剪辑素材时通常先粗剪，再精剪。粗剪也称初剪，是将素材按照剧本（或前期拍摄脚本）拼接起来，形成一个没有过渡（镜头之间的切换，也称转场）、效果、音频和文字的视频；精剪是对粗剪视频中的不足进行修改。在 Premiere Pro 中，可利用"节目"面板、"时间轴"面板和工具箱中的工具对素材进行剪辑。

知识库

在剪辑素材时，要特别注意镜头组接。扫一扫，了解镜头组接的相关知识吧。

镜头组接

（4）**添加过渡与效果**。素材剪辑完成后，可以为素材添加过渡、效果，以及对素材进行抠像、调色等特殊处理，使视频作品更加精彩。在 Premiere Pro 中，利用"效果"面板可以为素材添加过渡和效果、抠取素材，以及为素材调色等。

知识库

在 Premiere Pro 中，利用"效果控件"面板可以对过渡和效果进行调整，还可以创建动画，从而使视频效果更加生动活泼、丰富多样。

（5）**添加文字**。为视频添加文字，如标题、字幕和注释等，可以丰富视频内容，增强观看体验。Premiere Pro 提供了功能强大的字幕编辑器，其中有大量的字幕模板，可帮助用户方便快捷地为视频添加各种风格的文字。此外，还可以根据需要为文字添加过渡和效果等。

（6）**编辑音频**。根据创作需要，还可以为视频添加配音或背景音乐，帮助观众更好地理解视频内容，营造情感氛围，提升视频的质感和吸引力。在 Premiere Pro 中，音频剪辑混合器相当于一个全功能调音台，可以实现各种音频编辑操作。

> **提示**
>
> Premiere Pro 支持实时音频编辑，使用合适的声卡即可通过麦克风进行录音，并且支持输出立体声音频。

（7）**输出作品**。最后，需要将项目中的序列或剪辑转化为视频作品，以便在各种媒介中传播和使用；同时，还要保存项目文件，以备将来修改或多次使用。此外，输出作品时，还可借助 Adobe Media Encoder 对视频进行不同格式的编码，以便将视频作品应用到对视频格式有特殊要求的媒介中。

> **知识库**
>
> 用户可根据实际情况对视频编辑流程进行灵活调整。例如，对于没有明确主题的视频作品，可先添加音乐、后剪辑视频，以提高效率；对于主题明确的视频作品，可先剪辑视频、后添加音乐，以突出主题。
>
> 在完成视频创作并输出作品前，用户可利用 Premiere Pro 自带的预览功能查看视频效果。如果视频效果不理想，可对视频进行调整后再输出；如果视频效果理想，则可直接输出。
>
> 此外，在编辑视频过程中，经常会遇到某些视频文件无法导入软件，或者导入后播放不正常等问题。一般情况下，这些问题都是由视频编码引起的。那么，什么是视频编码呢？扫一扫，了解视频编码吧。
>
> 视频编码

二 Premiere Pro 的应用领域与相关岗位

Premiere Pro 是一款功能强大的专业视频编辑软件，它提供了丰富的编辑功能和效果，且界面直观、操作简单、容易上手，适用于各种视频制作需求，在电影、电视节目、广告和网络视频制作等领域得到了广泛应用，相关的就业岗位也随之增多。表 1-1 为 Premiere Pro 的应用领域与相关岗位。

表 1-1　Premiere Pro 的应用领域与相关岗位

应用领域	相关岗位
电影剪辑：Premiere Pro 的专业级视频剪辑功能使其能够很好地胜任电影剪辑工作。无论是大制作电影还是小成本电影，Premiere Pro 都能帮助制作人员精准地调整每一帧画面，使效果更加出色、故事更加流畅、情感更加动人。 电视节目制作：在电视节目制作中，Premiere Pro 发挥着重要作用。无论是新闻、综艺节目还是纪录片，Premiere Pro 都能满足制作人员对视频剪辑和后期处理的需求，可以大大提升电视节目的视听效果和观看体验	后期制作公司，影视剧制作单位、电视台等广播影视事业单位的视频剪辑和后期制作岗位
广告制作：Premiere Pro 出色的视频剪辑功能和良好的兼容性使其成为广告制作的得力助手。无论是电视广告还是网络广告，Premiere Pro 都能帮助制作人员高效地完成视频剪辑、音频处理等工作，从而制作出具有吸引力和视觉冲击力的广告作品，达到更好的宣传效果	广告公司，报社、杂志社、图书出版社等出版单位，其他企事业单位的视频编辑岗位
短视频制作：随着短视频的兴起，Premiere Pro 也逐渐成为短视频制作的热门工具。无论是个人创作者还是专业团队，都可以利用 Premiere Pro 进行视频剪辑和特效制作，从而创作出效果震撼、引人入胜的短视频作品	企业新媒体部门的视频后期制作岗位
其他视频制作：Premiere Pro 还可用于教育与培训课程制作、活动记录与纪念视频制作等	影楼、婚庆、教育、培训等行业的后期制作岗位

拓展阅读

　　为了确保自己在毕业后顺利就业，读者应提前了解相关岗位的职责和工作内容，并初步确定自己将来想要从事的职业。了解相关岗位的能力要求，可以帮助自己明确在校期间的学习目标，制订相应的学习计划。大家可以通过搜集网络信息，与毕业生交流，咨询专业教师与企业专家等方式来进一步了解相关岗位。

Premiere Pro 中视频的相关概念

　　不同设备、平台对视频的要求有所不同，熟悉视频的相关概念，并能根据实际要求进行相应设置至关重要。

　　（1）电视制式。电视制式（简称制式）是实现电视信号（如电视画面和声音等）正常传输与重现的方法与技术标准。Premiere Pro 提供了多种预设制式，如 PAL、NTSC 等，用户可根据实际应用需求进行选择。例如，视频要在我国的电视中播放，则应选择 PAL 制式。

（2）**帧与帧速率**。视频实质上是由多幅静态图像按照一定顺序连续播放而形成的，由于人眼有"视觉暂留"特性，人们会认为图像中的静态元素动了起来。组成视频的每一幅静态图像称为帧；每秒显示的图像数量称为帧速率，单位为帧/秒（fps）。在播放视频时，视频画面的流畅程度取决于帧速率，帧速率越高，播放越流畅。目前，电影的帧速率通常为 24 fps，电视的帧速率通常为 25 fps 或 30 fps。其中，PAL 制式视频的帧速率通常为 25 fps，NTSC 制式视频的帧速率通常为 30 fps。

（3）**时间码**。时间码用来标示和记录视频数据流中的每一帧，方便对视频进行定位和编辑。目前，常用的时间码格式为"小时：分钟：秒：帧"。例如，一个素材片段的时间码为"00:01:30:20"，表示当前播放的画面处于第 1 分钟 30 秒 20 帧。

（4）**像素与分辨率**。像素（单位为 px）是构成数字图像的基本元素，每个像素只能显示一种颜色，大量像素共同构成了整幅图像，如图 1-3 所示。分辨率代表了一幅图像中像素的数量，通常用"水平方向像素数量×垂直方向像素数量"来表示，如 720 px×480 px、720 px×576 px 等。在画面尺寸相同的情况下，分辨率越高，像素数量越多，视频越清晰；反之，视频越模糊。

图 1-3　像素

（5）**画面宽高比与像素宽高比**。画面宽高比即视频画面的宽度与高度的比值，常见的电视画面比例有 4：3（也可用小数来表示，如 4：3 约等于 1.33）和 16：9（见图 1-4），部分电影会采用更宽的画面。像素宽高比即视频画面内每个像素的宽度与高度的比值，通常由视频所采用的视频标准决定。显示器一般使用正方形像素显示画面，其像素宽高比为 1.0；电视机一般使用长方形像素显示画面，如标准 PAL 制式的像素宽高比约为 1.09，宽银幕 PAL 制式的像素宽高比约为 1.46。

图 1-4　不同的画面宽高比

中文版 **Premiere Pro 视频编辑案例精讲**

课│堂│互│动

Premiere Pro 中视频的相关概念不止上述这些，快来说一说自己还知道哪些。扫一扫，了解更多的视频相关概念吧。

Premiere Pro 中视频的其他相关概念

四 Premiere Pro 支持的媒体文件格式

在制作视频作品的过程中，经常会使用多种视频、图像和音频文件格式，了解媒体文件格式，有助于用户更好地制作视频作品。

1. 视频文件格式

在 Premiere Pro 中，常见的视频文件格式如表 1-2 所示。

表 1-2　常见的视频文件格式

格　式	说　　明
AVI	音频视频交错格式，是一种将音频和视频组合在一起进行同步播放的格式。这种视频文件格式的优点是画面质量好，可跨平台使用；缺点是文件体积较大，需要进行一定的压缩。作为主流的视频文件格式，AVI 广泛应用于电影、电视、广告等领域
MPEG	音视频有损数据压缩国际标准，它利用具有运动补偿的帧间压缩编码技术减小时间冗余度，利用 DCT（离散余弦变换）技术减小图像的空间冗余度等，这些技术的综合运用，大大增强了数据压缩性能。MPEG 包括 MPEG-1、MPEG-2、MPEG-4 等
MOV	常用来封装采用 QuickTime 编码的视频流，可提供体积小、质量高的视频，并且具有跨平台性，支持 macOS、Windows、Linux 等操作系统
WMV	网络视频（流媒体）文件格式，具有压缩率高、视频在传输过程中占用带宽少、视频质量较好、兼容性好等优点，因此在网络中应用较为广泛
MP4	一种非常流行的数字多媒体压缩格式，具有压缩效率高、兼容性好、灵活性高等优点，目前常被用来封装 H.264 视频和 AAC 音频

2. 图像文件格式

在 Premiere Pro 中，常见的图像文件格式如表 1-3 所示。

表 1-3　常见的图像文件格式

格　式	说　　明
BMP	Windows 操作系统中的标准位图文件格式，采用无损压缩，图像质量高，且被大多数软件支持，但文件体积较大

表 1-3（续）

格　式	说　　明
JPEG	一种常见的图像文件格式，采用具有破坏性的压缩算法，因此会在一定程度上降低图像质量
GIF	网络上经常使用的图像文件格式，支持透明背景和动画，文件体积较小，但最多只能显示 256 种颜色，因此不适合在视频中使用
PNG	网络上经常使用的图像文件格式，具有很高的压缩比，同时又能保留所有与图像质量有关的信息，并且支持透明背景
TIFF	采用无损压缩方式存储图像信息，图像质量高，并且支持透明背景，但文件体积较大
PSD	Photoshop 的原始文件格式，可保存图层和透明信息，能够完美导入 Premiere Pro
AI	Illustrator 的原始文件格式，常用来保存矢量图形，能够完美导入 Premiere Pro
TGA	图形、图像数据的通用格式，在计算机上应用非常广泛，具有体积小、图像质量高、支持透明背景等优点。TGA 常作为影视动画的序列输出格式

3. 音频文件格式

在 Premiere Pro 中，常见的音频文件格式如表 1-4 所示。

表 1-4　常见的音频文件格式

格　式	说　　明
WAV	微软公司开发的一种无损音频文件格式，用于存储音乐、语音等数据，音质好，但文件体积较大
AIFF	苹果公司开发的一种无损音频文件格式，与 WAV 相似
MP3	一种采用有损压缩的音频文件格式，其压缩率可达 1∶10，甚至更高。MP3 格式的音频文件体积小，非常流行且深受欢迎
WMA	压缩率（可达 1∶18）和音质都高于 MP3，并且内置版权保护技术，支持音频流技术，适合在网络上播放，因此较受欢迎

任务实施——安装 Premiere Pro

步骤 ❶ 从 Adobe 官网下载 Premiere Pro 软件安装包，下载完成后，右击软件安装包，在弹出的快捷菜单中选择"解压到'Adobe Premiere Pro……'"选项（见图 1-5），解压软件安装包。

步骤 ❷ 进入解压得到的安装包文件夹，双击"Set-up.exe"文件（见图 1-6）启动软件安装程序，单击其中的"继续"按钮自动安装软件。

中文版 Premiere Pro 视频编辑案例精讲

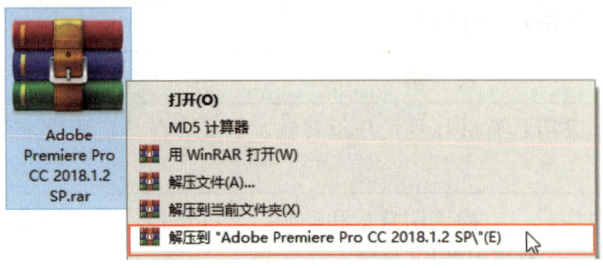

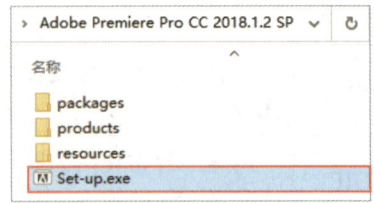

图1-5　解压软件安装包　　　　　　　　图1-6　双击"Set-up.exe"文件

步骤③ 软件自动安装完成后，会弹出"安装完成"提示框，单击其中的"关闭"按钮（见图1-7）即可完成安装。

 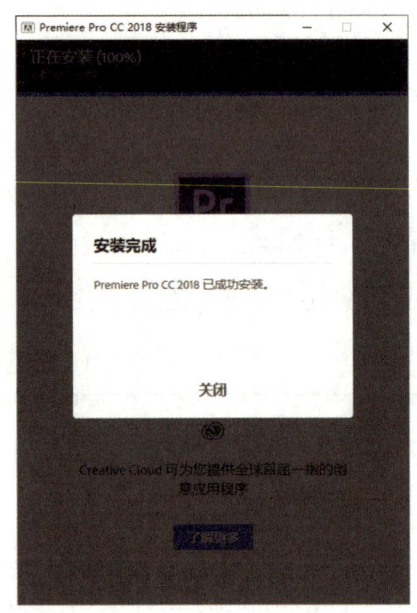

图1-7　自动安装软件

任务二　走进 Premiere Pro

任务描述

本任务首先介绍 Premiere Pro 的工作界面，以及 Premiere Pro 中项目、序列、素材与输出的基本操作，然后利用这些知识制作"文化中国"宣传片，效果如图1-8所示。

图1-8 "文化中国"宣传片截图

一、Premiere Pro 的工作界面

启动 Premiere Pro，在其开始界面中选择新建项目或打开已有项目，均可进入其工作界面，如图 1-9 所示。Premiere Pro 的工作界面主要由标题栏、菜单栏、预设工作区、面板和工具箱组成。

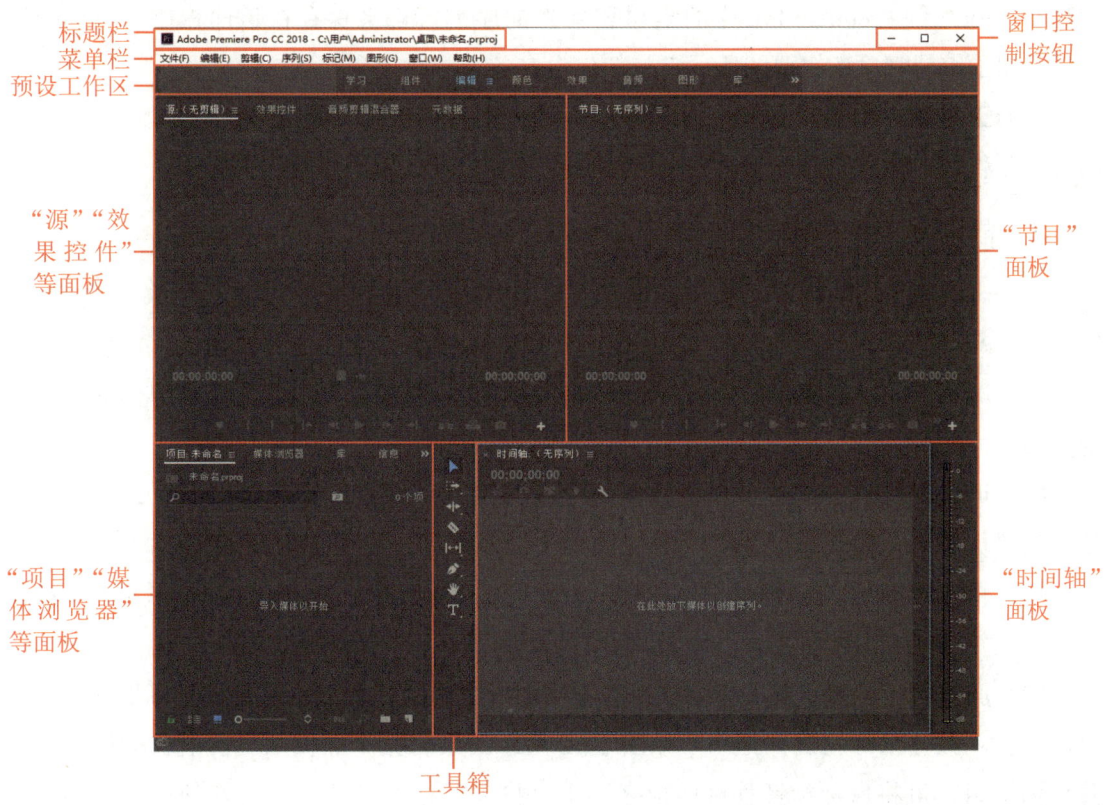

图1-9 Premiere Pro CC 2018 的工作界面

1. 工作界面简介

下面对 Premiere Pro 工作界面的组成部分进行简单介绍。

（1）**标题栏**。标题栏通常显示软件版本、文件保存路径及文件名称等内容。此外，单击标题栏右侧的 3 个窗口控制按钮 — □ ×，可分别最小化、最大化 / 向下还原和关闭软件窗口。

（2）**菜单栏**。菜单栏包括"文件""编辑""剪辑""序列""标记""图形""窗口""帮助" 8 个菜单，选择菜单列表中的选项可执行相应的命令。此外，菜单选项后的字母是其快捷键，按下相应的快捷键可直接执行相应的命令；菜单选项后带有">"符号，表明其存在子菜单列表。

（3）**预设工作区**。Premiere Pro 的工作区由多个面板组成，软件预设了多种工作区布局样式，包括"学习""组件""编辑""颜色""效果""音频""图形""库"等，只要单击预设工作区名称即可选择并使用该预设工作区。

（4）**面板**。Premiere Pro 提供了许多面板，用户可通过选择"窗口"菜单列表中的选项来打开或关闭相应面板。不同的面板具有不同的功能。例如，"节目"面板用于预览素材和制作的视频作品，以及对素材进行一些基本的编辑操作；"项目"面板是素材文件的管理器，导入到 Premiere Pro 中的素材和新建的序列等都会保存在该面板中；"时间轴"面板是用于编辑视频的主要场所，它一般包含多条视频轨道和音频轨道。

（5）**工具箱**。利用工具箱中的各种工具可对"时间轴"面板中的素材片段进行编辑，如选择、移动、裁剪等。各工具的功能和使用方法，将在后面的项目中逐一介绍。

2. 自定义工作界面

制作一部视频作品往往涉及多项任务，如剪辑视频、添加过渡、效果和文字等。Premicre Pro 的工作界面设计精巧，允许用户重新布置执行这些任务的面板，以便充分利用有限的屏幕空间，提高工作效率。此外，用户还可以根据需要自定义工作界面的颜色外观等。

（1）**调整面板大小**。要调整面板的宽度或高度，可将鼠标指针移至面板之间的空隙处，当鼠标指针呈 ╫ 或 ╪ 形状时，按住鼠标左键并拖动，如图 1-10 所示。如果面板为浮动面板，将鼠标指针移至面板四周的任意位置，当鼠标指针呈不同角度的 ↖ 形状时，按住鼠标左键并拖动可调整面板大小，如图 1-11 所示。

（2）**调整面板位置**。要调整面板组中不同面板之间的相对位置，可将鼠标指针移至面板名称上，按住鼠标左键并拖动，如图 1-12 所示。要将某个面板从当前所在面板组移至其他面板组，可将鼠标指针移至面板名称上，按住鼠标左键并拖动至其他面板组中，如

图1-13所示。将面板拖至其他面板组中时，如果对结果满意，可释放鼠标确认操作；如果对结果不满意，可按 "Esc" 键取消操作。

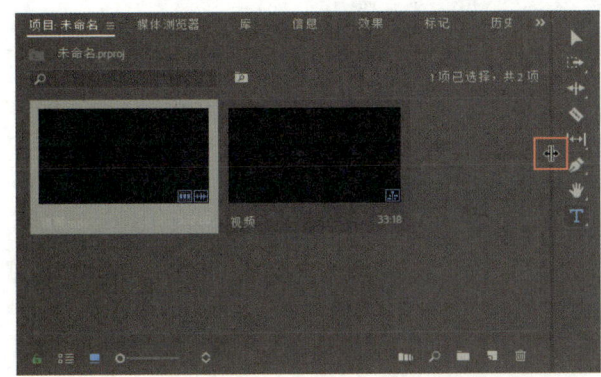

图1-10　调整面板宽度

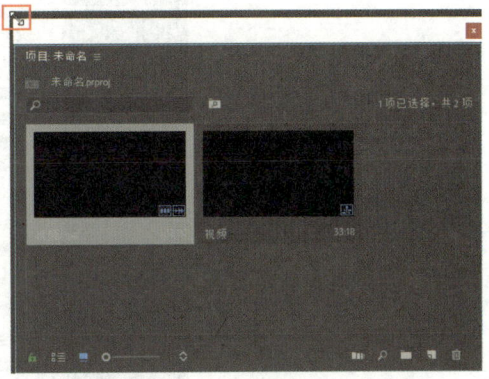

图1-11　调整浮动面板大小

图1-12　调整面板组中不同面板之间的相对位置

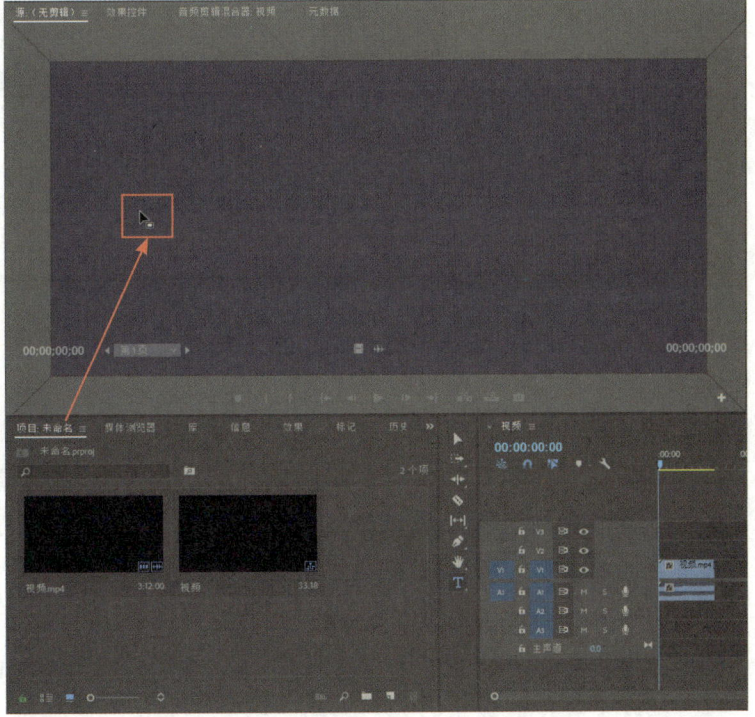

图1-13　将某个面板从当前所在面板组移至其他面板组

（3）**对面板执行关闭、浮动等操作**。要对某个面板执行关闭、浮动等操作，可单击面板名称右侧的■按钮，在展开的列表中选择相应选项，如图1-14所示。

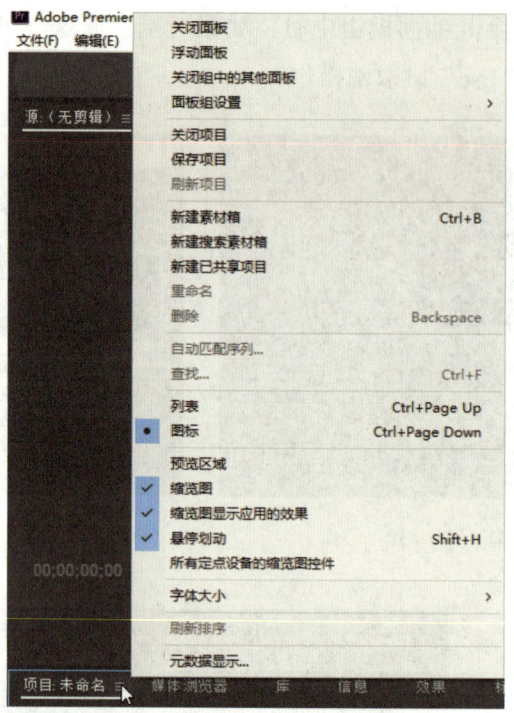

图1-14 对面板执行关闭、浮动等操作

小技巧

要将工作区布局恢复至初始设置,可选择"窗口"/"工作区"/"重置为保存的布局"选项,或者单击预设工作区中当前工作区名称右侧的■按钮,在展开的列表中选择"重置为已保存的布局"选项。

要将当前工作区布局保存为预设,可选择"窗口"/"工作区"/"另存为新工作区"选项,或者单击预设工作区中当前工作区名称右侧的■按钮,在展开的列表中选择"另存为新工作区"选项,在打开的"新建工作区"对话框中设置新工作区名称后单击"确定"按钮。保存新工作区后,新工作区名称将显示在"窗口"/"工作区"菜单列表和预设工作区中。要删除工作区,可选择"窗口"/"工作区"/"编辑工作区"选项,或者单击预设工作区中当前工作区名称右侧的■按钮,在展开的列表中选择"编辑工作区"选项,在打开的"编辑工作区"对话框中选中工作区名称后依次单击"删除"按钮和"确定"按钮。

(4)**设置工作环境**。用户可根据需要进一步设置工作环境,使软件运行更加顺畅,提高工作效率,同时使软件更加符合自身的操作习惯。选择"编辑"/"首选项"菜单列表中的选项,可在打开的"首选项"对话框中设置Premiere Pro的相应环境参数,如图1-15所示。

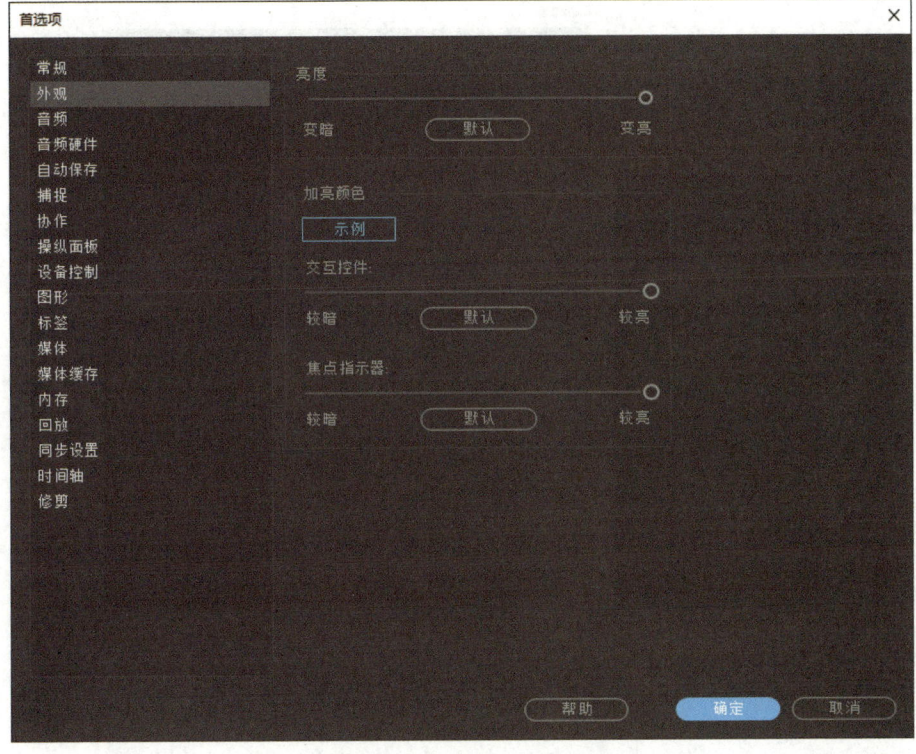

图 1-15 "首选项"对话框

"首选项"对话框中的参数通常保持默认设置即可，但建议调整以下参数。

① 将"自动保存"设置项下的"自动保存时间间隔"设置为 5～10 分钟（代表每 5～10 分钟自动保存一次），以避免在制作视频过程中因遇到停电、系统崩溃、软件无响应等突发情况而丢失对项目文件所做的修改。

② 将"媒体缓存"设置项下的"媒体缓存文件""媒体缓存数据库"的存放位置设置为剩余空间较多的磁盘，将"媒体缓存管理"选项设置为"自动删除……"或"当缓存超过……"，以减少磁盘空间占用，提升软件运行速度。

二 项目操作

要制作视频作品，首先要熟悉项目的基本操作，包括新建、打开、保存与关闭项目。

1. 新建项目

要新建项目，可在 Premiere Pro 的开始界面中单击"新建项目"按钮，也可在其工作界面中选择"文件"/"新建"/"项目"选项或按"Ctrl+Alt+N"组合键，打开"新建项目"对话框，在其中设置项目的名称和保存路径，其他参数保持默认不变，单击"确定"按钮，如图 1-16 所示。

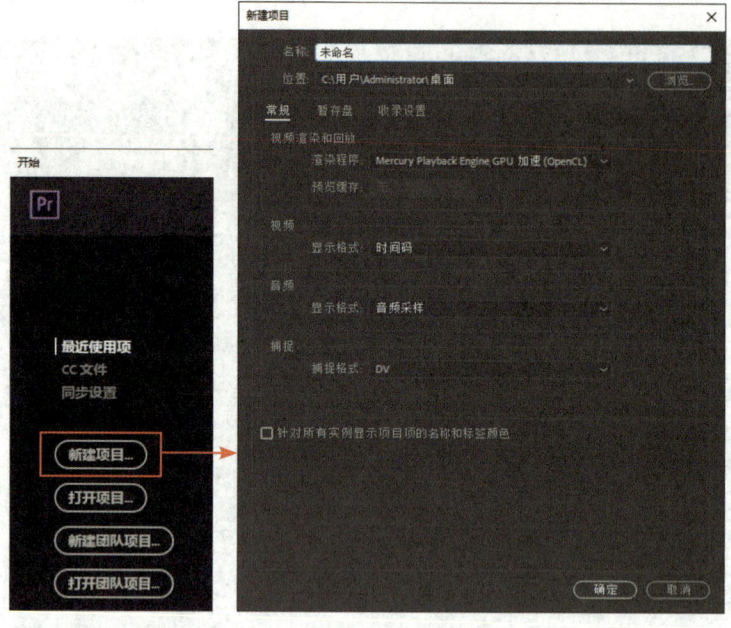

图 1-16　新建项目

2. 打开项目

要打开项目，可在 Premiere Pro 的开始界面中单击"打开项目"按钮，也可在其工作界面中选择"文件"/"打开项目"选项或按"Ctrl+O"组合键，打开"打开项目"对话框（见图 1-17），在其中选择要打开的项目文件，单击"打开"按钮。

图 1-17　"打开项目"对话框

此外，在 Premiere Pro 的开始界面中单击"最近使用项"区域的项目，或者在其工作界面中选择"文件"/"打开最近使用的内容"菜单列表中的选项，均可打开最近使用过的项目文件。

知识库

要想多人协作制作视频作品,可创建团队项目。创建和打开团队项目的方法,与创建和打开一般项目的方法基本相同,此处不再赘述。此外,要想重新设置项目参数,可选择"文件"/"项目设置"菜单列表中的选项,在打开的"项目设置"对话框中重新设置相关参数后单击"确定"按钮。

3. 保存项目

对于制作完成的视频作品,要及时将其保存到电脑中,以便日后使用。要保存项目,可选择"文件"/"保存"选项或按"Ctrl+S"组合键。

要想将保存过的项目以新的名称或路径进行保存,可选择"文件"/"另存为"选项或按"Ctrl+Shift+S"组合键,打开"保存项目"对话框(见图1-18),在其中设置相关参数后单击"保存"按钮。

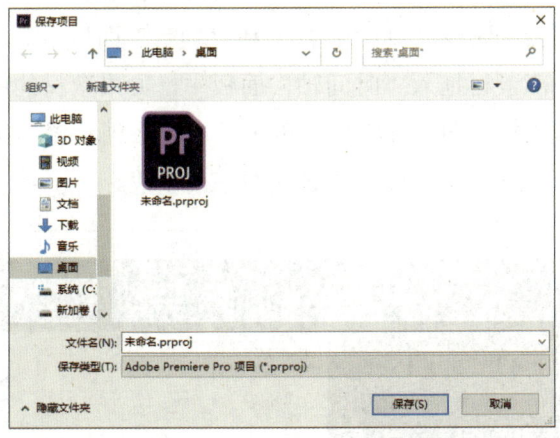

图 1-18 "保存项目"对话框

要将项目保存为副本,可选择"文件"/"保存副本"选项或按"Ctrl+Alt+S"组合键,打开"保存项目"对话框,在其中设置相关参数后单击"保存"按钮。

在制作视频作品的过程中,也要时不时主动保存项目,以免电脑故障或其他原因导致项目文件损坏或丢失。

4. 关闭项目

要关闭当前打开的项目,可选择"文件"/"关闭项目"选项或按"Ctrl+Shift+W"组合键;要关闭所有打开的项目,可选择"文件"/"关闭所有项目"选项。需要注意的是,如果当前打开的项目中有未保存的修改，在关闭项目时会弹出如图 1-19 所示的提示框，单击"是"按钮将保存修改并关闭项目；单击"否"按钮将不保存修改并关闭项目；单击"取消"按钮将取消关闭项目操作。

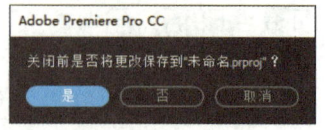

图 1-19　提示框

三　序列操作

在制作视频作品前，需要在项目中新建一个合适的序列来放置素材。下面介绍序列的新建、设置与删除操作。

1. 新建序列

要新建序列，可单击"项目"面板右下角的"新建项"按钮，在展开的列表中选择"序列"选项，也可选择"文件"/"新建"/"序列"选项或按"Ctrl+N"组合键，打开"新建序列"对话框（见图 1-20），在其中设置相关参数后，单击"确定"按钮，新建的序列将显示在"时间轴"面板（见图 1-21）和"项目"面板中。

新建序列后，将外部素材拖入"时间轴"面板中，如果素材的序列参数与新建序列的参数不同，则会弹出提示框（见图 1-22），单击"更改序列设置"按钮会修改新建序列的参数，单击"保持现有设置"按钮会修改素材的序列参数。

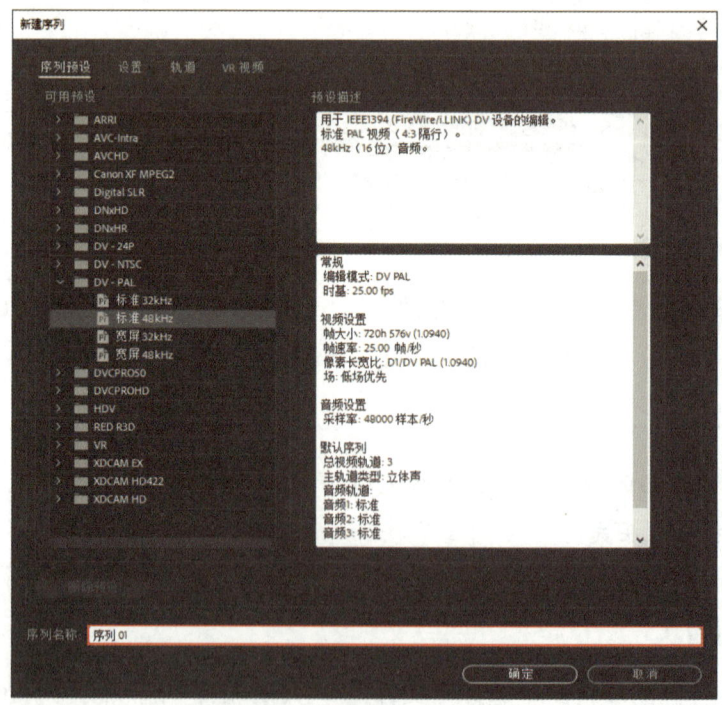

图 1-20　"新建序列"对话框

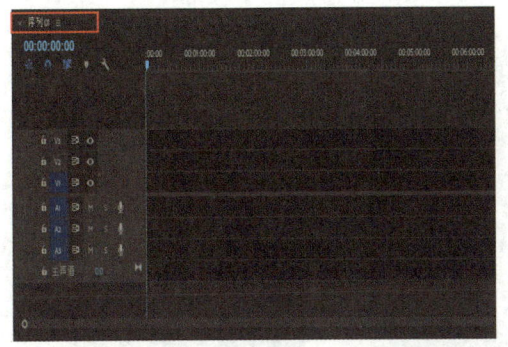

图1-21 "时间轴"面板中的新建序列

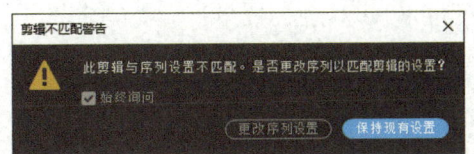

图1-22 提示框

知识库

在图1-20中，32 kHz和48 kHz是音频的采样率，采样率越高，音频效果越好。用户应根据素材的大小（分辨率）、场和视频的应用需求等选择系统预设的视频标准，或自定义视频标准，从而保证最终输出的视频质量。

在"新建序列"对话框的"轨道"选项卡下，可设置Premiere Pro"时间轴"面板中视频轨道的数量，以及音频轨道的数量和类型等。

此外，导入素材后，将素材拖至"项目"面板右下角的"新建项"按钮上或"时间轴"面板中（该面板中没有打开的序列），可自动生成与素材参数相同的序列。

2. 设置序列

新建序列时，如果对默认的序列设置不满意，可在"新建序列"对话框的"设置"选项卡中对序列进行自定义设置，如图1-23所示。

如果是已创建的序列，可在"项目"面板中右击序列，在弹出的快捷菜单中选择"序列设置"选项（见图1-24），打开"序列设置"对话框，在其中重新对序列进行设置。"序列设置"对话框中的设置项与"新建序列"对话框"设置"选项卡下的设置项大同小异。此外，右击序列，在弹出的快捷菜单中选择"修改"菜单列表中的选项也可修改序列。

知识库

要将当前的序列设置存储为预设，可单击"新建序列"对话框中的"保存预设"按钮，在打开的"保存序列预设"对话框中设置名称与描述后单击"确定"按钮，此时新建的序列预设会保存在"序列预设"选项卡下的"可用预设"列表中。要删除保存的序列预设，可在选中序列预设后单击下方的"删除预设"按钮。

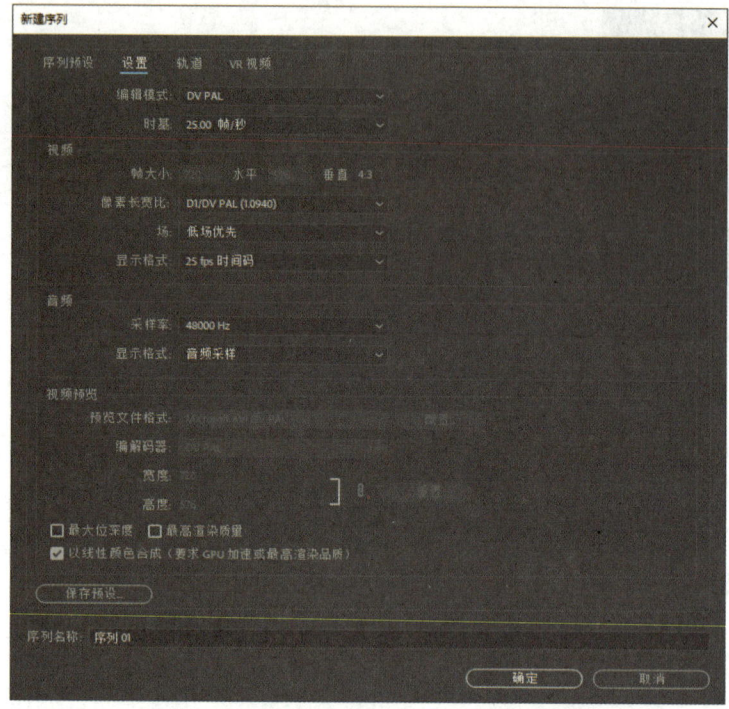
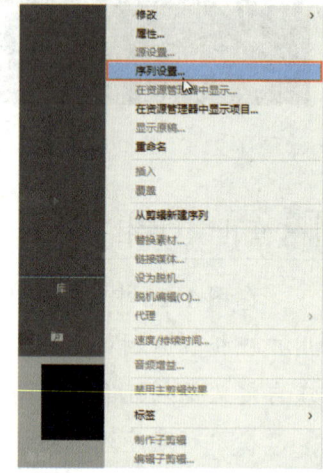

图 1-23 "新建序列"对话框的"设置"选项卡　　图 1-24 序列的右键快捷菜单

3. 删除序列

要删除序列，可在"项目"面板中选中序列后，单击"项目"面板右下角的"清除"按钮 ■ 或按"Delete"键。

四　素材的导入、查看与管理

素材是视频创作的基础，掌握素材的导入、查看与管理操作非常重要。

1. 导入素材

要导入素材，可选择"文件"/"导入"选项或按"Ctrl+I"组合键，在打开的"导入"对话框（见图 1-25）中选择要导入的素材文件后，单击"打开"按钮；也可在"媒体浏览器"面板中找到素材所在位置，右击要打开的素材文件，在弹出的快捷菜单中选择"导入"选项，此时素材将导入到"项目"面板中。

项目一 Premiere Pro 快速上手

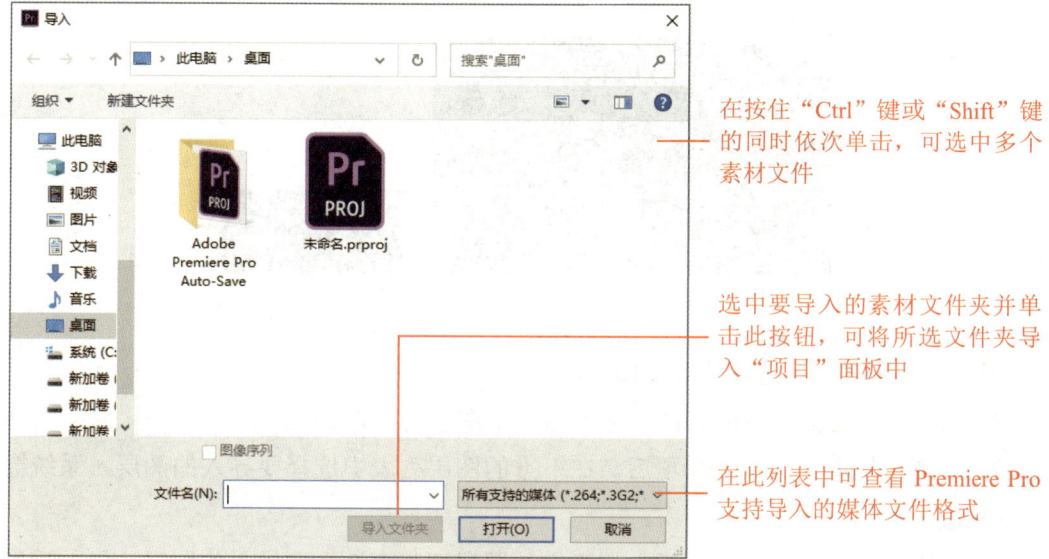

图 1-25 "导入"对话框

知识库

要导入素材，可双击"项目"面板的空白处或右击"项目"面板的空白处并在弹出的快捷菜单中选择"导入"选项，在打开的"导入"对话框中选择素材文件后单击"打开"按钮；也可直接将素材文件拖至"项目"面板中。

需要注意的是，在导入素材时，为了控制项目文件的大小，Premiere Pro 不是将素材数据本身复制到项目中，而是创建一个引用链接指向素材文件，因此原始素材数据不会发生改变。但是，当外部的原始素材被重命名、删除或移动位置时，Premiere Pro 将自动断开指向素材文件的引用链接，此时会弹出"链接媒体"提示框，要重新建立引用链接，可单击该提示框中的"查找"按钮，并在打开的"查找文件"对话框中选择素材文件后单击"确定"按钮。当外部的原始素材内容被修改时，Premiere Pro 将同步更新素材内容。

1) 导入分层文件

Premiere Pro 支持导入 Photoshop 和 Illustrator 生成的分层文件。导入分层文件时，Premiere Pro 可保留分层文件中图层的位置、透明度、蒙版，以及调节层和图层组等属性，并进行相应的转换，以保持其可编辑性，如图 1-26 所示。需要注意的是，导入 AI 格式的文件时，Premiere Pro 会自动对其进行栅格化处理，将矢量图形转化为位图图像；导入 PSD 格式的文件时，若希望保留图层的透明区域，则不要导入"背景"图层。

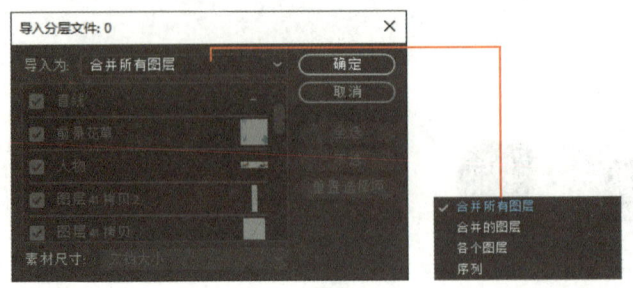

图 1-26　导入分层文件时的提示框

"导入为"列表中各选项的含义如下。

（1）**合并所有图层**：将所有图层合并为一个图层后导入。

（2）**合并的图层**：选择该选项后，在下方的图层列表中选择要导入的图层，系统会将选择的图层合并为一个图层后导入。

（3）**各个图层**：选择该选项后，在下方的图层列表中选择要导入的图层，导入后所选图层将分别成为独立的图像。

（4）**序列**：选择该选项后，在下方的图层列表中选择要导入的图层，导入后系统将新建一个序列，并将所选图层分布在该序列的各轨道中。

2）导入图像序列

Premiere Pro 可导入 GIF 格式的文件，还可将同一文件夹中的一组静态图像按照其文件名称（按数字或字母顺序排列）以图像序列的方式导入（见图 1-27），并合并成一个视频片段。需要注意的是，这些图像的名称应包含递增或递减的数字，文件格式应统一，否则无法将图像作为序列导入。例如，共有 9 个图像文件，其中 8 个图像文件是以 ST0001、ST0002……的形式命名，只有第 5 个图像文件的名称是 ST5，那么序列就会在第 5 个图像文件处中断。

图 1-27　导入图像序列

3）导入 Premiere Pro 项目文件

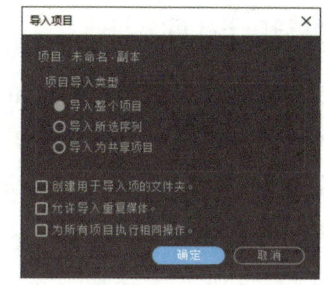

图 1-28　导入 Premiere Pro 项目文件时的提示框

Premiere Pro 可导入现有的 Premiere Pro 项目文件，并使用其中的序列和素材。导入项目也称项目嵌套，利用这种方法可将多个 Premiere Pro 项目文件合并，常用于制作复杂的视频作品。导入 Premiere Pro 项目文件时会弹出如图 1-28 所示的提示框，根据需要选中相应的导入类型即可。

> **知识库**
>
> 除了通过导入的方式添加素材，还可通过捕捉和新建的方式添加素材。其中，捕捉素材是先将 DV 等设备与计算机连接，再选择"文件"/"捕捉"选项，在打开的对话框中进行捕捉，捕捉的内容将保存到电脑中，并显示在"项目"面板中；新建素材是单击"项目"面板右下角的"新建项"按钮 ，在展开的列表中选择所需选项，即可新建相应类型的素材。

2. 查看与管理素材

在制作较大规模的视频作品时，常常需要使用大量素材，导致"项目"面板中的素材显得杂乱且难以查找，此时可以对素材进行有效管理，以提高制作效率。

1）查看素材信息

通过查看和分析素材信息，可对素材进行更有效的编辑和输出。在 Premiere Pro 中，用户可以通过以下几种方式查看素材信息。

（1）利用"属性"面板查看。若要查看已导入"项目"面板中素材的信息，可在"项目"面板中选择该素材后，选择"文件"/"获取属性"/"选择"选项，打开"属性"面板进行查看，如图 1-29 所示。

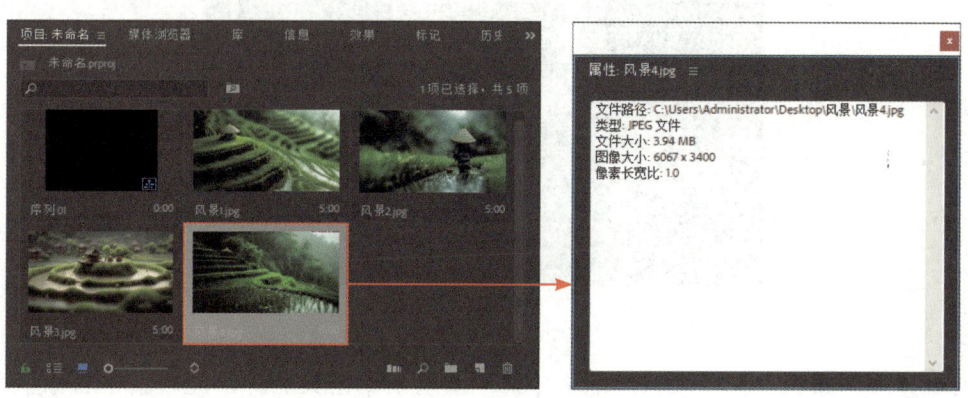

图 1-29　在"属性"面板中查看素材信息

> **知识库**
>
> 若要查看保存在电脑中的素材的信息,可选择"文件"/"获取属性"/"文件"选项,在打开的"获取属性"对话框中选择要查看其信息的素材后,单击"打开"按钮;也可在电脑磁盘中右击要查看属性的文件,在弹出的快捷菜单中选择"属性"选项,打开"属性"对话框进行查看。

(2)利用"信息"面板或"元数据"面板查看。在"项目"面板或"时间轴"面板中选择素材后,可在"信息"面板或"元数据"面板中查看所选素材的相关信息。在"元数据"面板中还可查看和管理素材的许多原始数据信息。

(3)利用"项目"面板查看。当在"项目"面板中以列表视图的方式显示素材文件时,将鼠标指针移至素材文件上,将浮动显示素材的相关信息。

> **提示**
>
> 单击"项目"面板下方的"图标视图"按钮■或"列表视图"按钮≡,可使素材显示方式在图标视图和列表视图之间切换。

2)管理素材

在"项目"面板中,用户可对素材进行选择、重命名、排列、查找和删除等操作,还可利用文件夹对素材进行分类管理。

(1)选择素材。在"项目"面板中单击素材名称或其预览图、图标均可将其选中;要选择连续的多个素材,可在按住"Shift"键的同时依次单击首尾两个素材;要选择不连续的多个素材,可在按住"Ctrl"键的同时依次单击要选择的素材,如图1-30所示。

图1-30 选择素材

(2)重命名素材。在"项目"面板中选中素材后单击其名称,此时素材名称呈可编辑状态,输入新名称后,单击"项目"面板空白处可重命名素材,按"Esc"键可取消重命名操作。

（3）**排列素材**。在"项目"面板中，素材默认按照导入顺序排列，要调整素材的排列顺序，可在图标视图中将素材拖至目标位置。

（4）**查找素材**。当"项目"面板中包含大量素材不便定位时，可使用查找功能。在"项目"面板的"查找"编辑框中输入要查找的素材名称关键字，如输入"风景2"，此时"项目"面板中将只显示名称中带有"风景2"字样的素材，如图1-31所示。单击"查找"编辑框右侧的×按钮，可恢复显示"项目"面板中的所有素材。

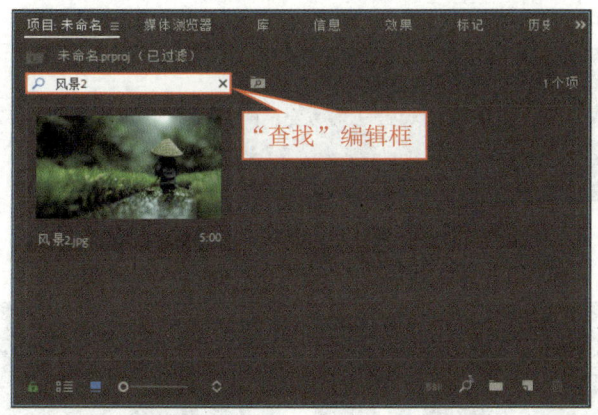

图1-31　查找素材

> **提示**
>
> 用户也可利用"查找"命令查找素材，方法是单击"项目"面板右下角的"查找"按钮 或按"Ctrl+F"组合键，打开"查找"对话框，在"列"和"运算符"设置项中设置查找条件，在"查找目标"编辑框中输入关键字（见图1-32），最后单击"查找"按钮，即可选中符合查找条件的素材。

（5）**删除素材**。当素材不再需要时，可在选中素材后，单击"项目"面板右下角的"清除"按钮 或按"Delete"键将其删除。

（6）**剪切、复制、粘贴素材等**。选中素材后，利用"编辑"菜单列表中的选项，可对所选素材进行剪切、复制和粘贴等操作，如图1-33所示。此外，也可通过按键盘快捷键或选择右键快捷菜单中的选项来执行相应操作。

（7）**分类管理素材**。当导入了大量素材时，可将相同类型或相关的素材放在同一个文件夹中，以便对素材进行分类管理。要分类管理素材，可先单击"项目"面板右下角的"新建素材箱"按钮 ，新建一个文件夹并设置好文件夹名称，再将相应素材拖入文件夹中，如图1-34所示。

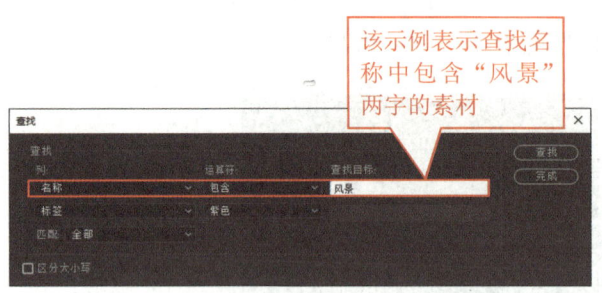

图 1-32　利用"查找"命令查找素材　　　　　图 1-33　"编辑"菜单列表

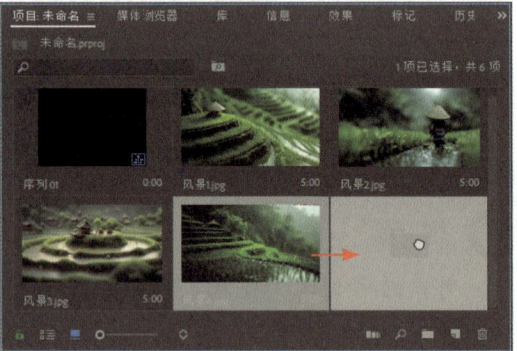

图 1-34　分类管理素材

在"项目"面板中选中一个或多个素材后,将所选素材拖至"项目"面板右下角的"新建素材箱"按钮上,也可新建一个文件夹,此时所选素材会直接移入该文件夹中。

> **提 示**
>
> 在"项目"面板中管理文件夹的方法与素材基本相同。此外,在导入或新建素材时,若提前选择了文件夹,则导入或新建的素材会自动放入该文件夹中。

五　输出操作

视频作品制作完成后,即可根据需要输出相应格式的文件。下面介绍在 Premiere Pro 中导出文件和打包项目的方法。

1. 导出视频

Premiere Pro 中与导出相关的命令都在"文件"/"导出"菜单列表中，如图 1-35 所示。

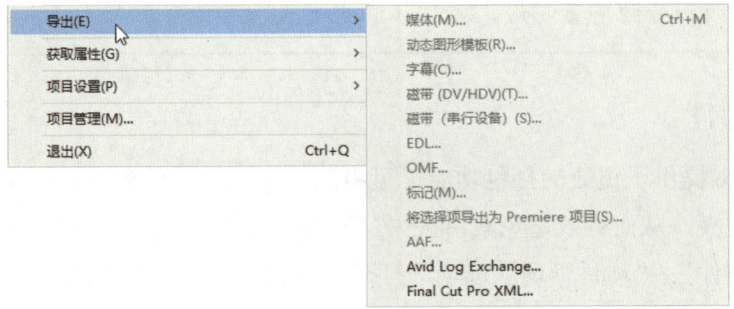

图 1-35 "导出"菜单列表

以导出 MP4 格式的视频为例，选择"文件"/"导出"/"媒体"选项，打开"导出设置"对话框（见图 1-36），在其中设置好参数后单击"导出"按钮即可。需要注意的是，在导出时要想设置文件名称和保存路径，可单击"输出名称"右侧的默认文件名称，在打开的"另存为"对话框中设置相关参数后单击"保存"按钮。

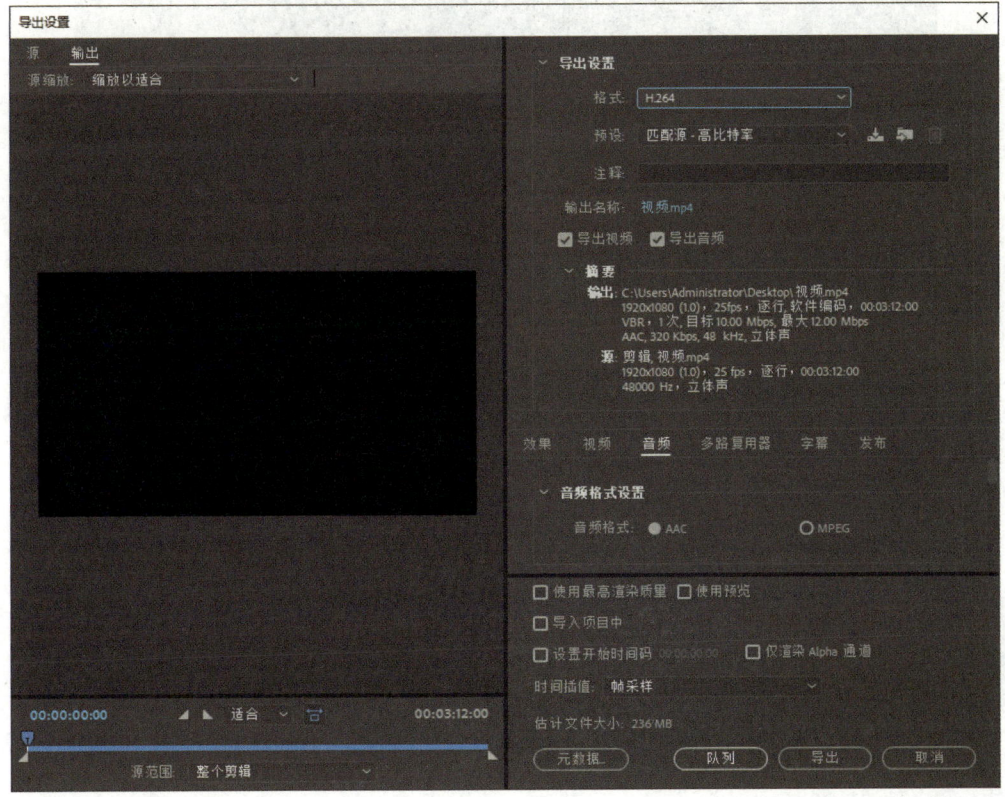

图 1-36 "导出设置"对话框

在制作视频作品时,如果对素材做了变速处理,可将"时间插值"设置为"帧混合",以提高视频的流畅性。比特率是间接衡量视频和音频质量的一个重要指标,比特率越高,视频和音频质量越好,文件体积也越大。

2. 打包项目

Premiere Pro 提供了便捷的打包功能,可将编辑完成的项目文件和相关素材打包整理,生成单独的文件夹,从而有效避免素材丢失,同时也便于分类存储与文件传递。要打包项目,可选择"文件"/"项目管理"选项,打开"项目管理器"对话框(见图1-37),在其中设置相关参数后单击"确定"按钮。

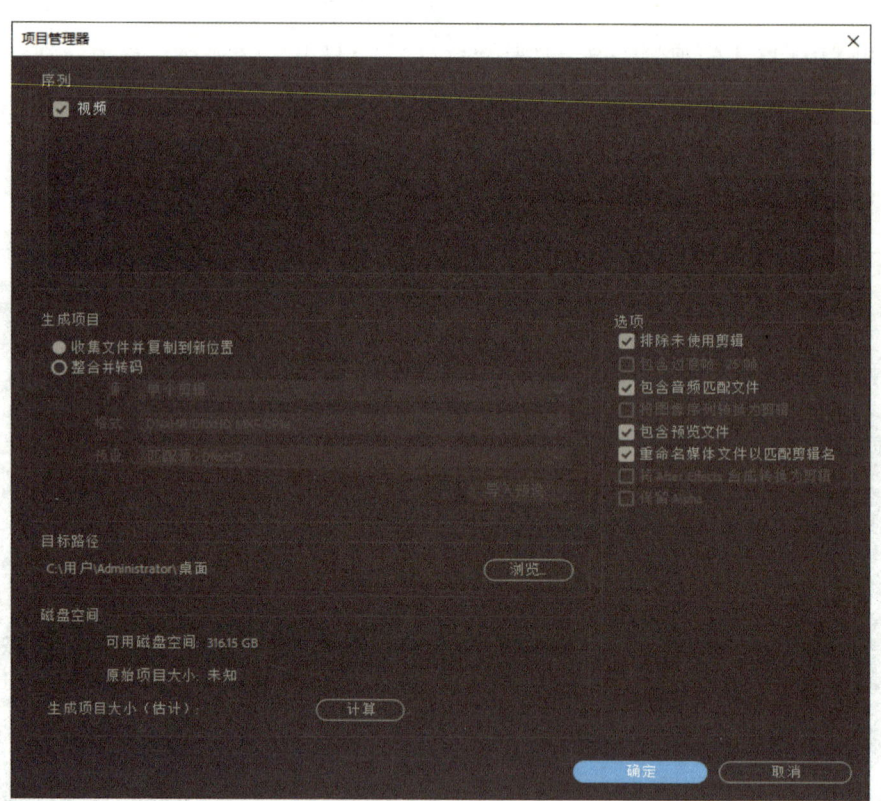

图 1-37 "项目管理器"对话框

在输出视频前,应先单击"节目"面板中的"播放 - 停止切换"按钮▶预览视频效果。

项目一 Premiere Pro 快速上手

任务实施——制作"文化中国"宣传片

本任务实施将通过制作"文化中国"宣传片，带领大家熟悉 Premiere Pro 的基本操作。案例最终效果可参考本书配套素材"素材与实例"/"项目一"/"任务二"文件夹中的"'文化中国'宣传片.mp4"文件。

制作"文化中国"宣传片

步骤❶ 启动 Premiere Pro，在开始界面中单击"新建项目"按钮，在打开的"新建项目"对话框中设置项目名称及保存路径（见图1-38）后单击"确定"按钮，新建一个项目。

步骤❷ 选择"文件"/"导入"选项，打开"导入"对话框，在其中选择本书配套素材"素材与实例"/"项目一"/"任务二"文件夹中的素材文件（见图1-39）后单击"打开"按钮，导入所选素材。

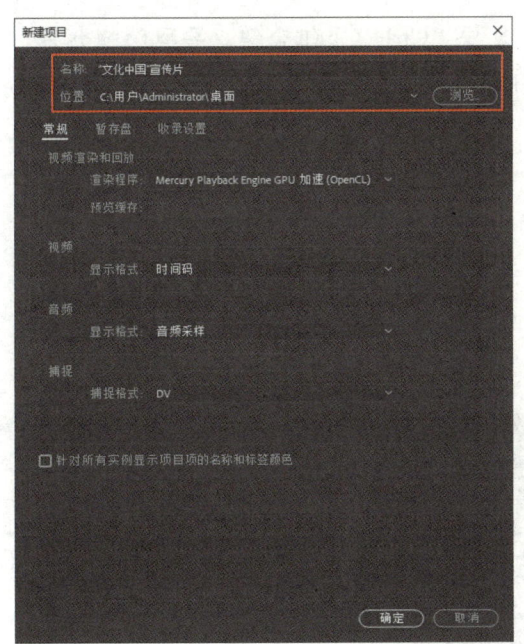

图1-38 "新建项目"对话框

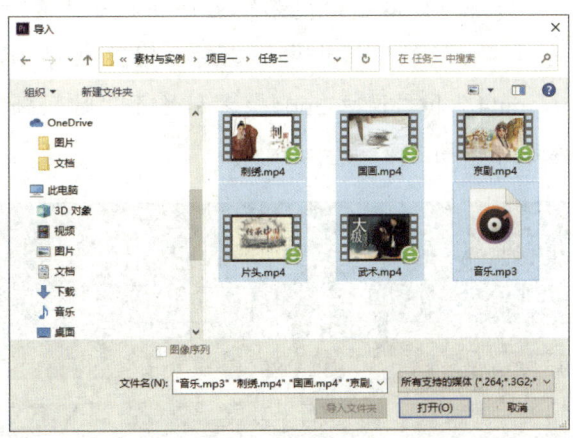

图1-39 在"导入"对话框中选择素材文件

步骤❸ 首先单击"项目"面板右下角的"新建素材箱"按钮，新建一个文件夹（此时文件夹名称处于可编辑状态），输入"视频"并单击"项目"面板空白处确认；然后将除"音乐.mp3"素材外的所有视频素材拖至新建的"视频"文件夹中，以分类管理素材，如图1-40所示。

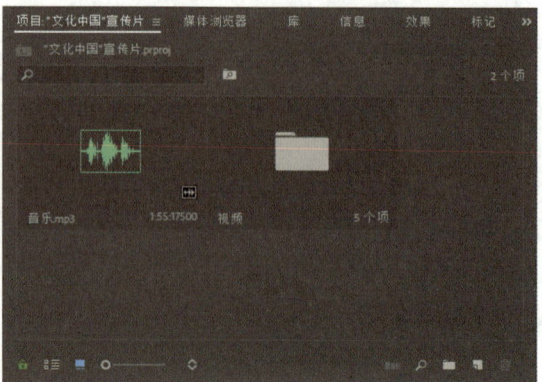

图 1-40　分类管理素材

> **知识库**
>
> Adobe 家族软件的操作都是相通的，用户可用其他 Adobe 软件的操作经验尝试操作 Premiere Pro。例如，要返回上一步操作，可选择"编辑"/"撤销"选项或按"Ctrl+Z"组合键，要返回前面多步操作，可重复按"Ctrl+Z"组合键；要取消撤销操作，可选择"编辑"/"重做"选项或按"Ctrl+Shift+Z"组合键，要取消多步撤销操作，可重复按"Ctrl+Shift+Z"组合键。

步骤④ 双击"视频"文件夹打开"素材箱：视频"面板，先将"片头.mp4"素材拖至"时间轴"面板中，此时自动生成序列，再依次将"京剧.mp4""刺绣.mp4""武术.mp4"和"国画.mp4"素材拖至"时间轴"面板的 V1 轨道中，此时的"时间轴"面板效果如图 1-41 所示。

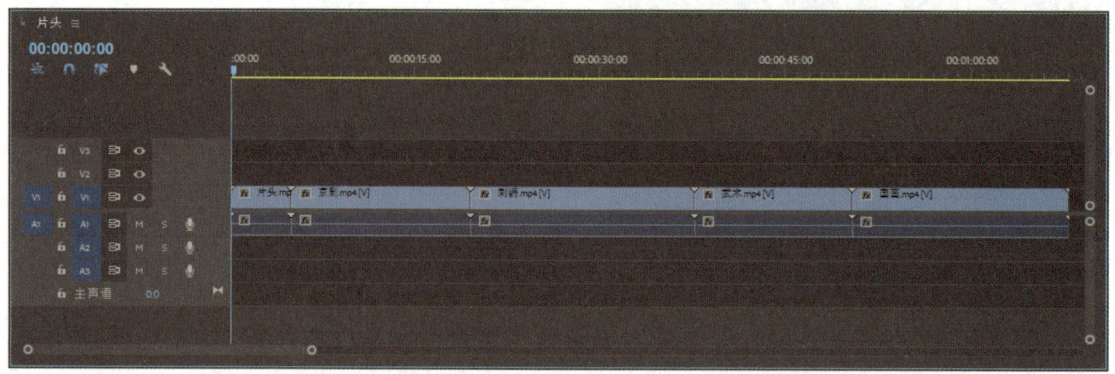

图 1-41　添加视频素材后的"时间轴"面板效果

步骤⑤ 单击"项目"面板名称切换面板，将"项目"面板中的"音乐.mp3"素材拖至"时间轴"面板的 A2 音频轨道中，此时的"时间轴"面板效果如图 1-42 所示。

项目一 Premiere Pro 快速上手

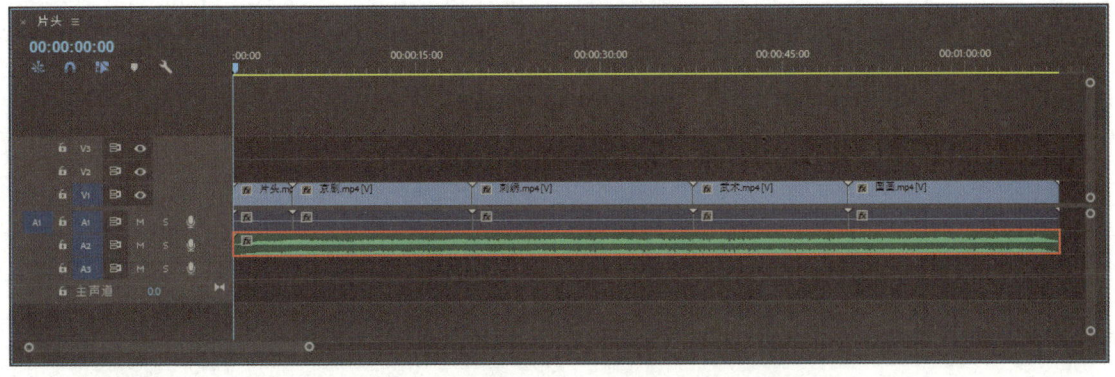

图1-42 添加音频素材后的"时间轴"面板效果

步骤⑥ 单击"节目"面板中的"播放-停止切换"按钮▶预览视频效果。确认视频播放无误后按"Ctrl+S"组合键保存项目。

步骤⑦ 选择"文件"/"导出"/"媒体"选项,在打开的"导出设置"对话框中设置视频的格式、预设及输出名称后单击"导出"按钮(见图1-43),导出视频。最后单击工作界面右上角的"关闭"按钮⊠关闭软件。

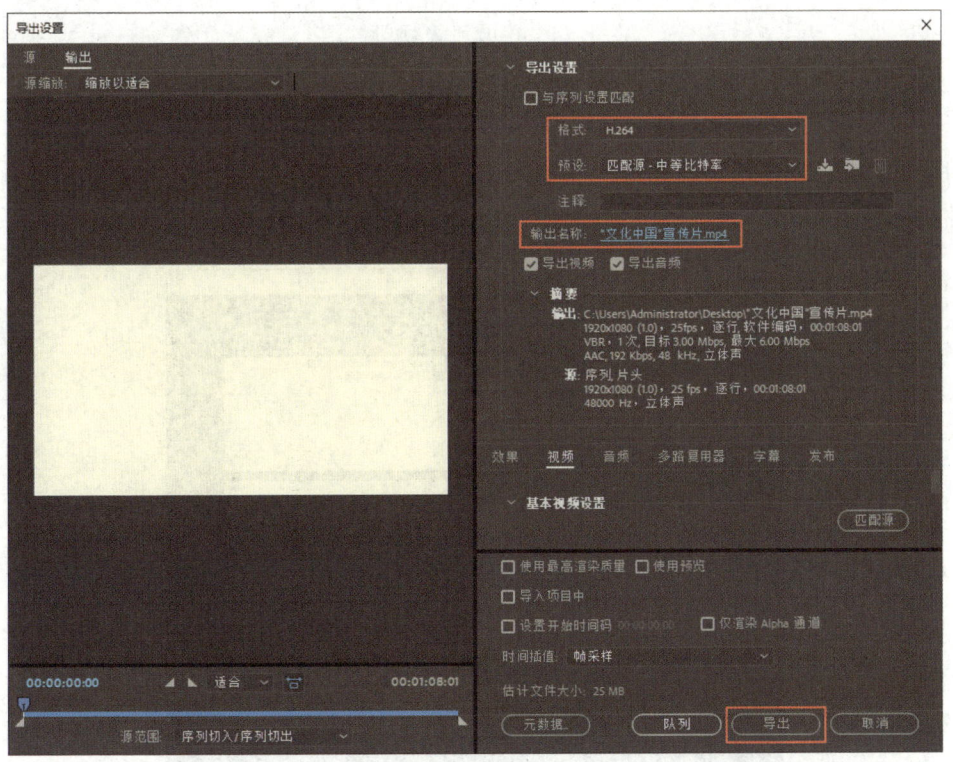

图1-43 导出设置

031

项目实训

1. 实训内容

本实训利用前面所学知识制作校园风光视频，效果如图 1-44 所示。视频最终效果可参考本书配套素材"素材与实例"/"项目一"/"项目实训"文件夹中的"校园风光视频.mp4"文件。

图 1-44　校园风光视频截图

2. 操作提示

（1）启动 Premiere Pro，新建一个名为"校园风光视频"的项目，并参照图 1-45 新建一个序列。

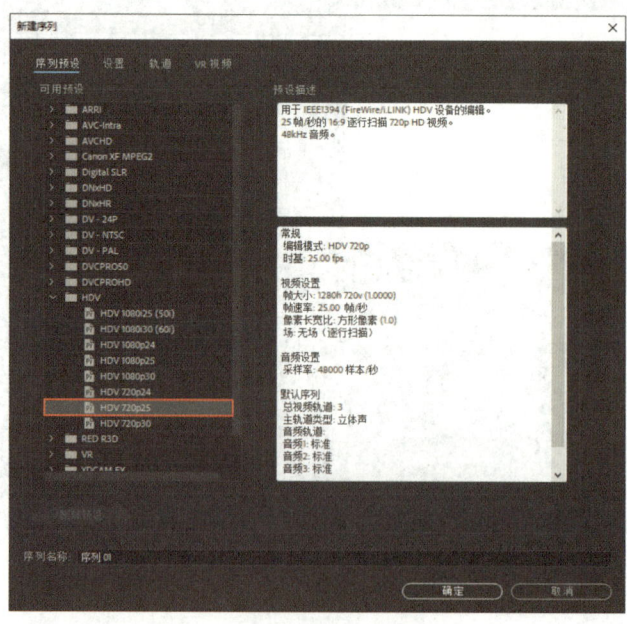

图 1-45　新建序列参数

（2）导入本书配套素材"素材与实例"/"项目一"/"项目实训"文件夹中的所有图像文件，导入时要选中"导入"对话框中的"图像序列"复选框（单独选中"01.jpg"图像文件即可），如图 1-46 所示。

图 1-46 导入图像素材

（3）将图像序列拖至"时间轴"面板的 V1 视频轨道中，此时会弹出"剪辑不匹配警告"提示框，单击其中的"保持现有设置"按钮。

（4）右击"时间轴"面板中的图像序列素材，在弹出的快捷菜单中选择"速度/持续时间"选项，打开"剪辑速度/持续时间"对话框，参照图 1-47 设置相关参数后单击"确定"按钮，调整视频时长。

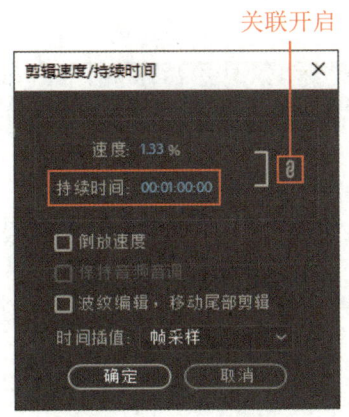

图 1-47 调整视频时长

知识库

用户也可正常导入图像素材（不选中"图像序列"复选框），依次选中所有图像素材后单击"项目"面板右下角的"自动匹配序列"按钮，打开"序列自动化"对话框，参照图1-48设置相关参数，单击"确定"按钮自动匹配序列。

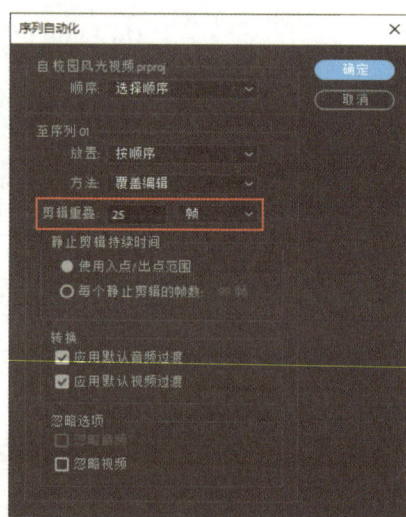

图 1-48　自动匹配序列

（5）导入本书配套素材"音乐.mp3"文件，并将其拖至"时间轴"面板的A1音频轨道中，效果如图1-49所示。

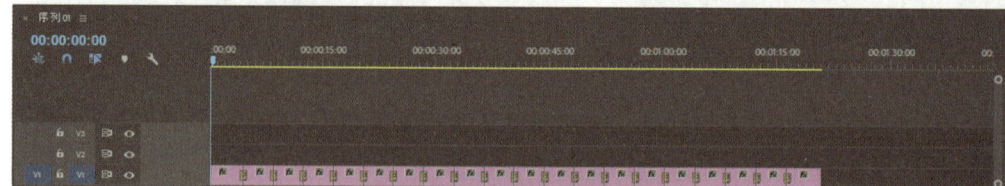

图 1-49　"时间轴"面板效果

（6）首先预览视频效果，然后参照图1-50中的参数设置导出视频，最后保存项目并关闭软件。

项目一　Premiere Pro 快速上手

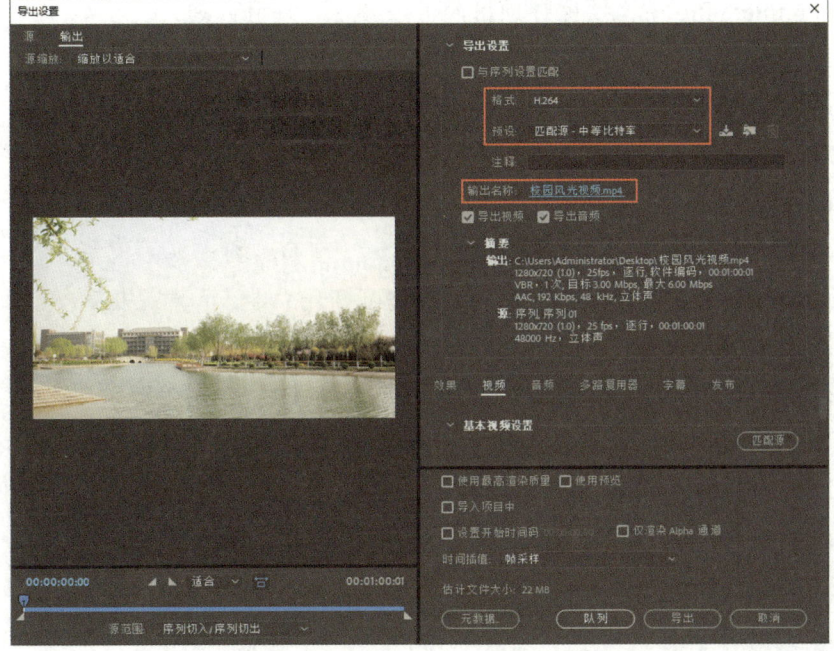

图 1-50　导出设置

项目考核

1. 选择题

（1）在 Premiere Pro 中，以下时间码写法正确的是（　　）。

　　A．00:01:30:20　　　　　　　　　　B．01:30:20

　　C．0:1:30:20　　　　　　　　　　　D．30:20

（2）我国采用的电视制式为（　　）。

　　A．PAL　　　　　　　　　　　　　B．NTSC

　　C．SECAM　　　　　　　　　　　 D．以上都不是

（3）下列媒体文件格式中，Premiere Pro 不支持的是（　　）。

　　A．MP4　　　　　　　　　　　　　B．WAV

　　C．TXT　　　　　　　　　　　　　D．AVI

（4）在 Premiere Pro 中，用于管理素材的面板是（　　）。

　　A．"时间轴"面板　　　　　　　　　B．"项目"面板

　　C．"节目"面板　　　　　　　　　　D．"效果"面板

（5）在 Premiere Pro 中，要保存项目，可按（　　）组合键。
    A．"Ctrl+Q"　　　　　　　　　　　　B．"Ctrl+U"
    C．"Ctrl+W"　　　　　　　　　　　　D．"Ctrl+S"
（6）在 Premiere Pro 中，通过序列不可以设置视频的（　　）。
    A．存储位置　　　　　　　　　　　　B．帧速率
    C．像素宽高比　　　　　　　　　　　D．场
（7）在 Premiere Pro 中，按（　　）组合键可打开"导入"对话框。
    A．"Ctrl+O"　　　　　　　　　　　　B．"Ctrl+I"
    C．"Alt+O"　　　　　　　　　　　　 D．"Ctrl+X"
（8）下列媒体文件中，无法导入到 Premiere Pro 中的是（　　）。
    A．视频素材　　　　　　　　　　　　B．分层图像
    C．After Effects 项目文件　　　　　　D．Word 文档
（9）在 Premiere Pro 中，要导出视频，可按（　　）组合键。
    A．"Ctrl+Z"　　　　　　　　　　　　B．"Shift+Z"
    C．"Ctrl+M"　　　　　　　　　　　　D．"Shift+M"
（10）在 Premiere Pro 中，利用（　　）命令可将项目文件及其素材保存到一个文件夹中。
    A．"保存"　　　　　　　　　　　　　B．"保存副本"
    C．"另存为"　　　　　　　　　　　　D．"项目管理"

2．操作题

利用本书配套素材"素材与实例"/"项目一"/"项目考核"文件夹中的素材制作如图 1-51 所示的冬至节气视频。

图 1-51　冬至节气视频截图

提示：

（1）启动 Premiere Pro，打开本书配套素材"素材与实例"/"项目一"/"项目考核"文件夹中的"素材 .prproj"文件。

（2）将"素材 .prproj"文件中的"视频"序列尺寸改为 1280 px×720 px。

（3）首先导入本书配套素材"冬至海报.psd"文件中的"冬至"图层；然后参照图 1-52 将导入的素材拖至"时间轴"面板的 V2 视频轨道中（注意结束点要对齐）。

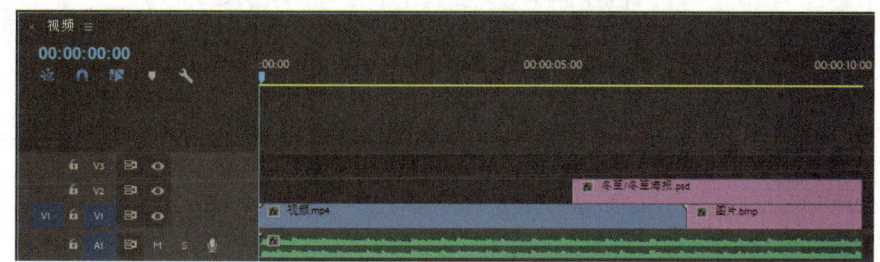

图 1-52 "时间轴"面板效果

（4）首先预览视频效果，然后导出格式为 MP4 的视频。

（5）另存项目文件并关闭软件。

完成所有学习任务之后，请按照以下要求完成项目评价。

全班同学每 5 人一组，各组成员结合课前、课中和课后的学习情况，以及项目实训和项目考核的完成情况，按照表 1-5 中的评价标准对本项目的学习效果进行自评和互评（小组组内成员互相打分），并请教师进行总体评价。

表 1-5 学习效果评价表

评价项目	评价内容	分值	评价分数		
			自评	互评	师评
知识（40%）	视频编辑的准备工作与工作流程	5 分			
	Premiere Pro 的应用领域与相关岗位	5 分			
	Premiere Pro 中视频的相关概念	5 分			
	Premiere Pro 支持的媒体文件格式	5 分			
	Premiere Pro 的工作界面	5 分			
	Premiere Pro 中项目、序列、素材与输出的基本操作	15 分			
技能（40%）	安装 Premiere Pro	15 分			
	制作简单的视频作品	25 分			

表 1-5（续）

评价项目	评价内容	分值	评价分数		
			自评	互评	师评
素养 （20%）	勤于思考，善于沟通、协作	5分			
	按时、积极参加各项活动	5分			
	高质量地完成课堂练习、课后作业	5分			
	具备良好的学习态度	5分			
合计		100分			
总评	自评（20%）+ 互评（20%）+ 师评（60%） =	综合等级：	指导教师（签名）：		

注：综合等级可以"优"（总评得分≥90分）、"良"（80分≤总评得分＜90分）、"中"（60分≤总评得分＜80分）、"差"（总评得分＜60分）为标准进行评价。

项目二

视频剪辑与关键帧动画

项目导读

Premiere Pro 拥有强大的视频剪辑功能，使用它可以对视频、音频、图像等素材进行插入、覆盖、删除、切割，以及调整入点和出点等多种剪辑操作，从而轻松制作出符合预期的视频作品。

关键帧是动画制作中常用的专业术语，是指事物在运动或变化过程中触发关键动作的时间点。关键帧与关键帧之间的动画可以由软件自动生成，这部分被称为过渡帧或中间帧。在 Premiere Pro 中，可以通过添加和编辑关键帧来制作动画中的主要动作和效果，并由软件自动计算和填充过渡帧，从而完成整个动画的制作。

本项目将介绍视频剪辑与关键帧动画的相关知识，为后续创作精彩的视频作品做好准备。

学习目标

知识目标
- 认识剪辑常用面板。
- 熟悉常用剪辑方法。
- 掌握添加关键帧的方法。
- 掌握编辑关键帧的方法。

能力目标
- 能够灵活运用不同的剪辑方法剪辑视频。
- 能够灵活运用关键帧制作动画。

素质目标
- 加强实践练习，提升专业技能和职业素养。
- 培养迎难而上、锲而不舍的钻研精神。

中文版 Premiere Pro 视频编辑案例精讲

任务一　了解视频剪辑

任务描述

本任务首先介绍剪辑常用面板及常用剪辑方法，然后利用这些知识制作长城宣传片，效果如图 2-1 所示。

图 2-1　长城宣传片截图

一　认识剪辑常用面板

剪辑是指对素材进行选择、裁剪、整理，并编排成结构完整的视频作品的过程，它是视频制作过程中非常重要的一个环节。在 Premiere Pro 中，剪辑常用面板包括"源"面板、"节目"面板和"时间轴"面板，下面分别介绍这些面板。

1．"源"面板

"源"面板（见图 2-2）主要用于预览和剪辑素材。要将素材载入"源"面板中，可双击"项目"面板中的素材图标。

项目二 视频剪辑与关键帧动画

图 2-2 "源"面板

"源"面板底部主要工具的功能如下。

（1）**时间标尺**：使用时间码刻度来标示时间指针的位置，以及测量素材或序列的播放时间。

（2）**时间指针**：指示当前帧的位置。在 Premiere Pro 中，许多操作都是针对当前帧进行的，通过拖动时间指针可以更改当前帧。

（3）**当前时间**：显示当前帧（时间指针所在位置）的时间码。此外，单击当前时间激活其编辑框后输入新的时间并按"Enter"键确认，可以精确定位当前帧。

（4）**持续时间**：显示素材或序列的时长。若未设置过入点（素材的开始位置）和出点（素材的结束位置），持续时间是"源"面板中整段素材或"时间轴"面板中序列的播放时间；若设置过入点和出点，持续时间是入点和出点之间的素材片段的播放时间。

知识库

在 Premiere Pro 中，可以在"源"面板、"项目"面板和"时间轴"面板中通过加速或降速的方法修改素材的持续时间，但是在"时间轴"面板中修改持续时间不会影响源素材，因此多在"时间轴"面板中修改素材的持续时间。

首先右击"时间轴"面板中的素材并在弹出的快捷菜单中选择"速度/持续时间"选项，或者选中素材后选择"剪辑"/"速度/持续时间"选项（或按"Ctrl+R"组合键）；然后在打开的"剪辑速度/持续时间"对话框中设置相关参数后单击"确定"按钮，即可调整素材的持续时间。

在"剪辑速度/持续时间"对话框中,"倒放速度"复选框用于颠倒视频素材的播放顺序,使其反向播放,即从后往前播放;"保持音频音调"复选框用于确保在调整带有音频的素材的播放速度时,只有音速发生变化,而音调不变;"波纹编辑,移动尾部剪辑"复选框用于调整素材的持续时间后,使该素材后的素材片段根据所调整的长度自动后移或前移。

(5)**缩放控制滑块**:用于设置时间标尺上的可视区域,以便更完整地查看播放时间或将时间指针更准确地移至目标位置。拖动缩放控制滑块的两端可改变其长度,从而改变时间标尺的显示比例;拖动缩放控制滑块的中间可改变其位置,从而改变时间标尺的显示区域。

(6)**底部工具栏**:利用其中的按钮可以设置素材的入点和出点,调整时间指针的位置,播放视频,插入和覆盖素材等。

①"添加标记"按钮█用于添加剪辑标记(标记处会出现绿色标签█),帮助用户定位素材中重要的时间点。单击该按钮,可在视频素材的当前时间处添加标记;添加标记后,单击标记将其选中并右击,在弹出的快捷菜单中选择"清除所选的标记"选项可删除标记。此外,双击标记或"添加标记"按钮█将打开"标记"对话框,在其中可设置标记的名称、时间和颜色等。

②"标记入点"按钮█和"标记出点"按钮█分别用于设置素材的入点和出点。单击这两个按钮,可在时间标尺的当前时间处添加入点或出点标记,此时拖动入点或出点标记,可调整入点或出点位置;拖动入点和出点中间的█图标,可同时调整入点和出点位置,如图2-3所示。利用"源"面板的右键快捷菜单可删除入点和出点。

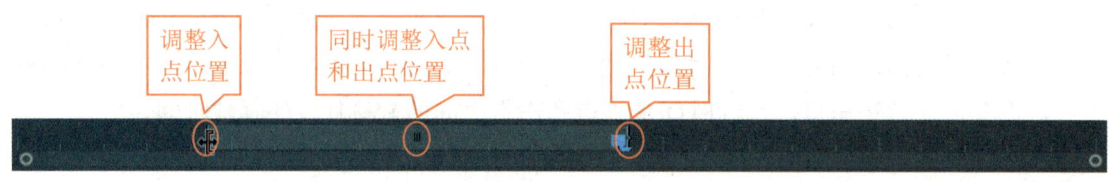

图2-3 调整入点和出点位置

> **提示**
>
> 每个素材或序列都只有一个入点和一个出点,当设置新的入点或出点时,它们将取代原有的入点或出点。此外,将鼠标指针悬停在按钮上,会显示按钮名称及其快捷键等,在英文输入状态下按快捷键,也可执行相应的操作。

③"转到入点"按钮█和"转到出点"按钮█分别用于定位入点和出点。

④"后退一帧(左侧)"按钮█和"前进一帧(右侧)"按钮█分别用于将时间指针

向左和向右移动 1 帧。按住"Shift"键的同时单击这两个按钮,可将当前时间指针分别向左和向右移动 5 帧。

⑤"播放-停止切换"按钮▶用于预览或停止预览视频等素材。

⑥"插入"按钮和"覆盖"按钮均用于将入点和出点之间的素材片段添加到"时间轴"面板中。其中,使用"插入"按钮将素材片段添加到目标轨道后,原有素材从添加位置被分开,右侧的素材片段被移至添加的素材片段的出点之后;使用"覆盖"按钮将素材片段添加到目标轨道后,原有素材从添加位置开始被覆盖,且被覆盖的长度取决于添加的素材片段的长度,如图 2-4 所示。需要注意的是,插入编辑会影响其他未锁定轨道中的素材,如果不希望其他轨道中的素材受到影响,插入前应锁定这些轨道。

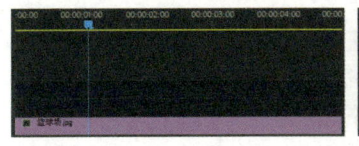
原有素材

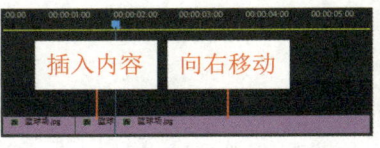
插入编辑

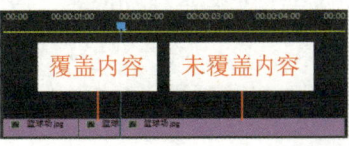
覆盖编辑

图 2-4 插入编辑与覆盖编辑效果

知识库

在"时间轴"面板中,使用"编辑"菜单列表中的"粘贴插入"选项和"粘贴"选项粘贴素材的效果,分别与在"源"面板中单击"插入"按钮和"覆盖"按钮的效果相同。

将素材从"项目"面板拖至"时间轴"面板中,默认是覆盖编辑;若按住"Ctrl"键的同时拖动素材,则是插入编辑。将素材从"项目"面板拖至"节目"面板中时,也可以根据需要选择插入编辑或覆盖编辑。

此外,默认情况下,V1 视频轨道为源修补轨道和目标切换轨道。其中,源修补轨道决定了通过"源"面板进行插入和覆盖编辑时,将素材片段插入或覆盖到"时间轴"面板的哪条轨道中;目标切换轨道则决定了直接进行复制、粘贴等操作时将素材粘贴到"时间轴"面板的哪条轨道中。

单击"时间轴"面板中其他视频轨道对应的"切换轨道锁定"按钮左侧的空白处("对插入和覆盖进行源修补"按钮),会显示图标,表示该轨道变为源修补轨道。单击"时间轴"面板中"切换轨道锁定"按钮右侧的"以此轨道为目标切换轨道"按钮,按钮会显示蓝色底纹,表示该轨道变为目标切换轨道。需要注意的是,"时间轴"面板中只能有一条源修补轨道,但可以有多条目标切换轨道;当存在多条目标切换轨道时,以最下方的目标切换轨道为准。

⑦"导出帧"按钮 用于将素材中的某一帧（时间指针所在位置）单独导出为一张图片。

⑧"按钮编辑器"按钮 用于管理当前面板的工具栏中显示的按钮（添加按钮或删除已有按钮）。

> **提 示**
>
> 一般情况下，要将素材添加到"时间轴"面板中，可直接将其从"项目"面板拖至"时间轴"面板中。若想将素材中的视频部分或音频部分单独添加到"时间轴"面板中，可在"源"面板中的"仅拖动视频"按钮 或"仅拖动音频"按钮 上按住鼠标左键并拖至"时间轴"面板中。

2."节目"面板

"节目"面板（见图2-5）主要用于预览"时间轴"面板当前序列中的内容，即预览序列的制作效果。此外，利用"节目"面板还可以对序列进行简单的编辑。

图 2-5 "节目"面板

不难看出，"节目"面板与"源"面板的组成基本相同，但个别按钮存在差异。其中，"提升"按钮 和"提取"按钮 均用于删除序列中不需要的部分（入点和出点之间的片段）。二者的不同之处在于，对素材进行提升编辑后，删除部分会留下空白；对素材进行提取编辑后，素材右侧的部分会左移，填补出现的空白，如图2-6所示。需要注意的是，提升编辑与提取编辑会针对"时间轴"面板中的所有目标切换轨道，其他轨道中的素材不受影响。

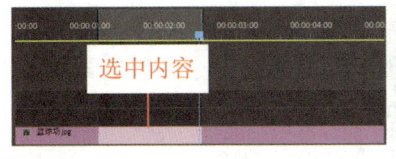 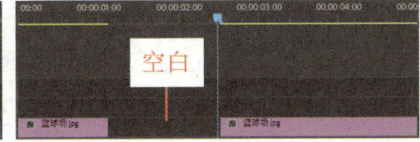 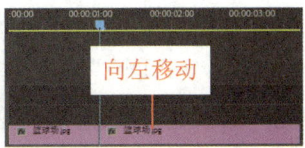

原有素材　　　　　　　　　提升编辑　　　　　　　　　提取编辑

图 2-6　提升编辑与提取编辑效果

> **提示**
>
> 要删除"时间轴"面板轨道中素材间的空白，可右击空白处，在弹出的快捷菜单中选择"波纹删除"选项，也可直接拖动相邻素材进行调整。

3. "时间轴"面板

"时间轴"面板是非常重要的功能区域，它提供了直观的操作界面，让用户能够高效地组织、编辑和调整序列中的视频、音频、图像等素材。

1)"时间轴"面板介绍

每个序列的"时间轴"面板（见图 2-7）都由多个视频轨道（用来组织视频和图像等素材）和音频轨道（用来组织音频素材）组成，利用该面板可以"合成"各种复杂的视频作品。素材在"时间轴"面板中一般按从左到右的顺序进行播放，同时上方视频轨道中的素材画面将遮挡下方视频轨道中的素材画面。

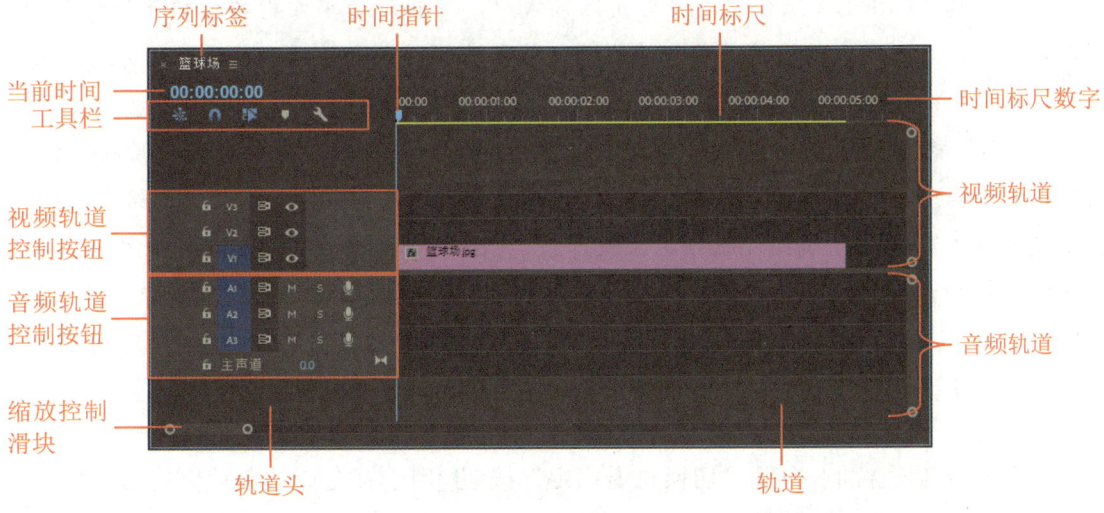

图 2-7　"时间轴"面板

"时间轴"面板中部分工具的功能与"源"面板和"节目"面板中的类似，此处不再赘述。下面介绍"时间轴"面板中的一些专有工具。

（1）工具栏："将序列作为嵌套或个别剪辑插入并覆盖"按钮决定了将嵌套好的素材拖入"时间轴"面板中的状态，若选中该按钮，拖入的嵌套素材会以一个完整的素材呈现；若未选中该按钮，拖入的嵌套素材会以原素材状态呈现，如图2-8所示。"对齐"按钮决定了将素材拖入"时间轴"面板后是否与已有素材或时间指针对齐。"链接选择项"按钮决定了将素材拖入"时间轴"面板后，其视频部分与音频部分是否链接。

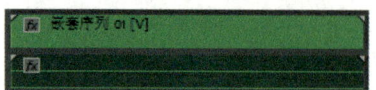 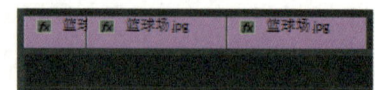

图 2-8　选中与未选中"将序列作为嵌套或个别剪辑插入并覆盖"按钮时拖入嵌套素材的效果

知识库

嵌套是一种非常有用的技术，它允许用户将一个序列或多个序列嵌入到另一个序列中，以便更好地组织和管理项目。要嵌套序列，可在"时间轴"面板中选中素材并右击，在弹出的快捷菜单中选择"嵌套"选项，或者选中素材后选择"剪辑"/"嵌套"选项，在打开的"嵌套序列名称"对话框中输入名称后单击"确定"按钮，此时"项目"面板中将显示嵌套的序列。

若素材处于链接状态，对素材进行选择、移动等操作时将同时作用于视频部分和音频部分。要取消链接素材，可在"时间轴"面板中右击素材并在弹出的快捷菜单中选择"取消链接"选项，或者选中素材后选择"剪辑"/"取消链接"选项，又或者选中素材后按"Ctrl+L"组合键。要重新链接素材，可同时选中素材的视频部分和音频部分，右击并在弹出的快捷菜单中选择"链接"选项，或者选择"剪辑"/"链接"选项，又或者按"Ctrl+L"组合键。

此外，为了便于同时对多个素材进行移动和复制等操作，可以将多个素材编组。要将素材编组，可选中要编组的素材，右击并在弹出的快捷菜单中选择"编组"选项，或者选择"剪辑"/"编组"选项，又或者按"Ctrl+G"组合键。要取消素材编组，可选中编组的素材，右击并在弹出的快捷菜单中选择"取消编组"选项，或者选择"剪辑"/"取消编组"选项，又或者按"Ctrl+Shift+G"组合键。需要注意的是，将素材编组后，在按住"Alt"键的同时可以对组中的单个素材进行单独操作。

（2）视频轨道控制按钮："切换轨道锁定"按钮用于锁定或解锁视频轨道（将编辑好的轨道锁定可有效防止误操作）；"切换同步锁定"按钮用于在编辑过程中使多个轨道保持时间同步；"切换轨道输出"按钮用于隐藏或显示视频轨道内容（被隐藏的轨道中的素材内容无法预览和输出）。

知识库

在"时间轴"面板中，利用工具箱中的"缩放工具" 🔍（选中该工具后，在轨道上单击或按住"Alt"键的同时单击）或按住"Alt"键的同时滚动鼠标滚轮可改变轨道的显示比例；利用"手形工具" ✋拖动轨道可改变轨道的显示区域。音频轨道控制按钮中大部分按钮的功能与视频轨道控制按钮类似，此处不再赘述。

此外，在"时间轴"面板中选择素材、删除素材等的方法与在"项目"面板中类似。例如，要在"时间轴"面板中选择素材，可在选择"选择工具" ▶的情况下单击素材；要选择多个素材，可在按住"Shift"键的同时单击多个素材。不同的是，在"时间轴"面板中操作素材还可借助工具箱中的工具。例如，要同时选择多个连续的素材，可利用"向前选择轨道工具" ➡或"向后选择轨道工具" ⬅。

2)"时间轴"面板常见操作

轨道是"时间轴"面板最重要的组成部分。在制作视频作品时，可根据需要对当前序列进行添加、删除轨道等操作。

（1）添加轨道：当制作的视频作品较复杂时，需要利用很多轨道来组织和合成视频，此时就要添加轨道。要添加轨道，可选择"序列"/"添加轨道"选项，或者右击轨道头并在弹出的快捷菜单中选择"添加轨道"选项，在打开的"添加轨道"对话框（见图2-9）中设置相关参数后单击"确定"按钮。

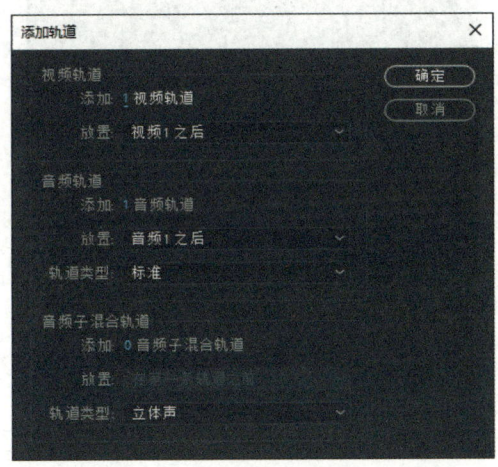

图 2-9 "添加轨道"对话框

> **提示**
>
> 创建好序列后，将素材从"项目"面板拖至"时间轴"面板轨道最上方的空白区域也会自动生成视频轨道，如图2-10所示。此外，右击视频轨道或音频轨道右侧的空

白处，在弹出的快捷菜单中选择"添加单个轨道"选项，可直接添加一个视频轨道或音频轨道。

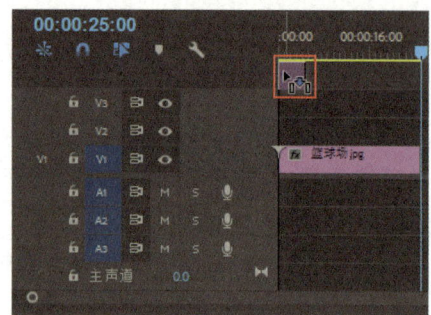 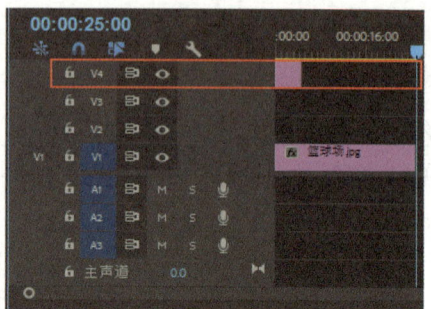

图 2-10　自动生成视频轨道

（2）**删除轨道**：视频作品制作完成后，可删除多余的轨道。要删除轨道，可选择"序列"/"删除轨道"选项，或者右击轨道头并在弹出的快捷菜单中选择"删除轨道"选项，在打开的"删除轨道"对话框（见图2-11）中设置相关参数后单击"确定"按钮。

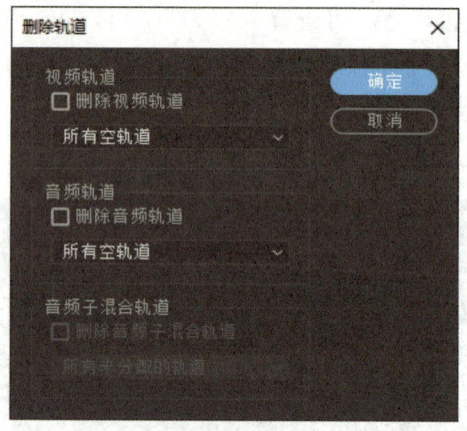

图 2-11　"删除轨道"对话框

提示

右击视频轨道或音频轨道名称右侧的空白处，在弹出的快捷菜单中选择"删除单个轨道"选项，可直接删除一个视频轨道或音频轨道。

（3）**展开或折叠轨道**：双击目标轨道的轨道头，或者将鼠标指针移至相邻轨道的轨道头之间，当鼠标指针呈 形状时拖动鼠标，可展开或折叠轨道。展开轨道后，可对轨道进行更多操作，如添加关键帧等。

知识库

要将当前轨道中的素材移至其他轨道中，可将素材直接拖至目标轨道中。按住"Alt"键的同时按键盘上的上下方向键，可将所选素材移至上一个或下一个轨道中；按住"Alt"键的同时按键盘上的左右方向键，可向左或向右移动素材（覆盖与相邻素材的重叠区域）。按住"Shift"键的同时拖动时间指针，时间指针会自动吸附素材的入点、出点、标记等。

二 熟悉常用剪辑方法

常用的剪辑方法除了之前介绍的插入编辑、覆盖编辑、提升编辑和提取编辑外，还有剃刀剪辑、移动剪辑等。

1. 剃刀剪辑

剃刀剪辑是指在选择工具箱中的"剃刀工具" 后，将鼠标指针移至"时间轴"面板中的素材上并单击，使素材在单击处被剪成两部分，并将不需要的素材片段删除（选中素材后按"Delete"键），以完成剪辑的方法，如图2-12所示。

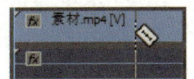 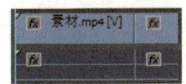 

图2-12 剃刀剪辑

提示

利用剃刀剪辑方法处理过的素材片段，还可以继续利用移动剪辑方法进行精细调整。这是因为利用前一种方法剪辑后的素材并非完全去除了不需要的内容，而是将不需要的内容隐藏，若通过后一种方法拖动素材片段的左、右边缘，隐藏的内容会重新显示。

此外，默认情况下，选中素材后按"Ctrl+K"组合键可在时间指针处将所选素材剪成两部分。

2. 移动剪辑

移动剪辑是指在选择工具箱中的"选择工具" 后，将鼠标指针移至"时间轴"面板中素材的左、右边缘，当鼠标指针呈 或 形状时按住鼠标左键并拖动，以剪辑素材的方法，如图2-13所示。

图 2-13　移动剪辑

知识库

在"时间轴"面板中已有素材的情况下拖入新素材，如果新素材与已有素材存在重合部分，新素材将覆盖已有素材的这部分，这也属于移动剪辑的一种。

剪辑时可能会在轨道中留下细小的间隙，这些间隙往往不容易发现，此时可选择"序列"/"转到间隔"/"序列中下一段"选项快速查找下一个间隙，找到间隙后利用"波纹删除"命令删除间隙。要一次性删除素材中的所有间隙，可先按"Ctrl+A"组合键全选素材，再选择"序列"/"封闭间隙"选项。

此外，采用上述方法也可剪辑音频素材。

课 | 堂 | 互 | 动

剪辑方法不止上述这些，快来说一说自己还知道哪些。扫一扫，了解更多的剪辑方法吧。

其他剪辑方法

任务实施——制作长城宣传片

本任务实施将通过剪辑素材制作长城宣传片。案例最终效果可参考本书配套素材"素材与实例"/"项目二"/"任务一"文件夹中的"长城宣传片.mp4"文件。

制作长城宣传片

步骤❶ 启动 Premiere Pro，新建一个名为"长城宣传片"的项目。

步骤❷ 首先导入本书配套素材"素材与实例"/"项目二"/"任务一"文件夹中的素材文件；然后将"图片 1.jpg"素材拖至"时间轴"面板中，自动生成序列。

步骤❸ 右击"时间轴"面板中的"图片 1.jpg"素材，在弹出的快捷菜单中选择"速度/持续时间"选项，在打开的"剪辑速度/持续时间"对话框中设置持续时间为 3 秒，单击"确定"按钮。

步骤❹ 首先将"字.png"素材拖至"时间轴"面板的 V2 视频轨道中，并使其入点位于第 0 帧；然后将鼠标指针移至"字.png"素材的右边缘，当鼠标指针呈 形状时按住鼠标左键并拖动,以剪辑素材,使其时长与"图片 1.jpg"素材的时长相等,如图 2-14 所示。

图 2-14　剪辑"字 .png"素材

步骤 ❺　首先将"视频 1.mp4"素材拖至"时间轴"面板的 V1 视频轨道中,并使其接排"图片 1.jpg"素材;然后将时间指针移至第 12 秒 15 帧处,选择工具箱中的"剃刀工具" 并在时间指针处单击,将"视频 1.mp4"素材剪成两段,如图 2-15 所示;最后选择"选择工具" ,单击"视频 1.mp4"素材的第二个片段并按"Delete"键将其删除。

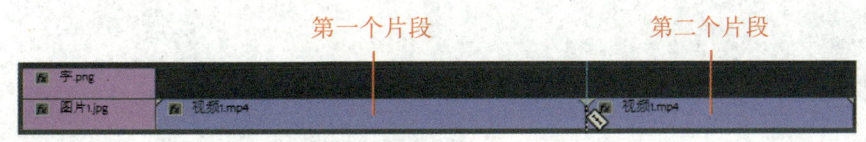

图 2-15　剪辑"视频 1.mp4"素材

步骤 ❻　首先将"视频 2.mp4""视频 3.mp4"和"视频 4.mp4"素材依次选中并拖至"时间轴"面板的 V1 视频轨道中,使"视频 2.mp4"素材接排"视频 1.mp4"素材;然后参照步骤 5 对"视频 2.mp4""视频 3.mp4"和"视频 4.mp4"素材进行剪辑,如图 2-16 所示。

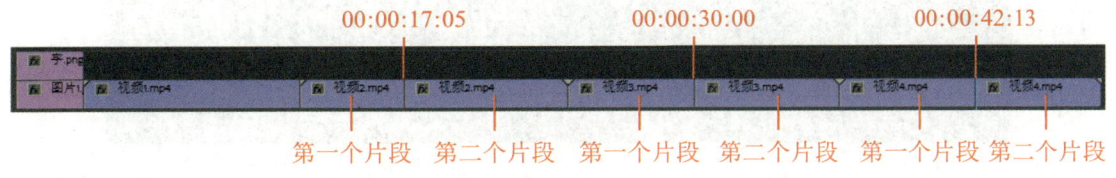

图 2-16　剪辑"视频 2.mp4""视频 3.mp4"和"视频 4.mp4"素材

步骤 ❼　首先选中"视频 2.mp4"素材的第二个片段、"视频 3.mp4"素材的第二个片段和"视频 4.mp4"素材的第一个片段(按住"Shift"键的同时单击可选择多个素材片段)并删除;然后右击删除素材片段后的空白处,在弹出的快捷菜单中选择"波纹删除"选项,删除空白。

步骤 ❽　将"图片 2.jpg"素材拖至"时间轴"面板的 V1 视频轨道中,使其接排"视频 4.mp4"素材,并设置其持续时间为 3 秒。

步骤 ❾　首先将"音乐 .mp3"素材拖至"时间轴"面板的 A1 音频轨道中,并使其入点位于第 0 帧;然后参照步骤 5 对其进行剪辑,如图 2-17 所示;最后删除"音乐 .mp3"素材的第二个片段。

中文版 Premiere Pro 视频编辑案例精讲

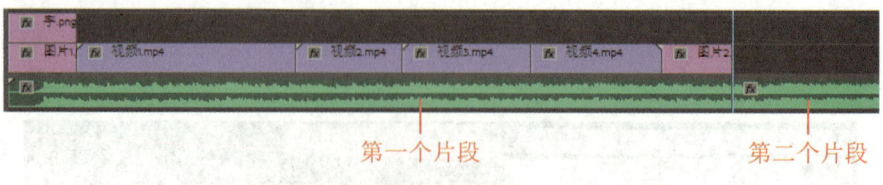

图 2-17　剪辑"音乐 .mp3"素材

步骤 10　首先预览视频效果，然后参照图 2-18 中的参数设置导出视频，最后保存项目文件并关闭软件。

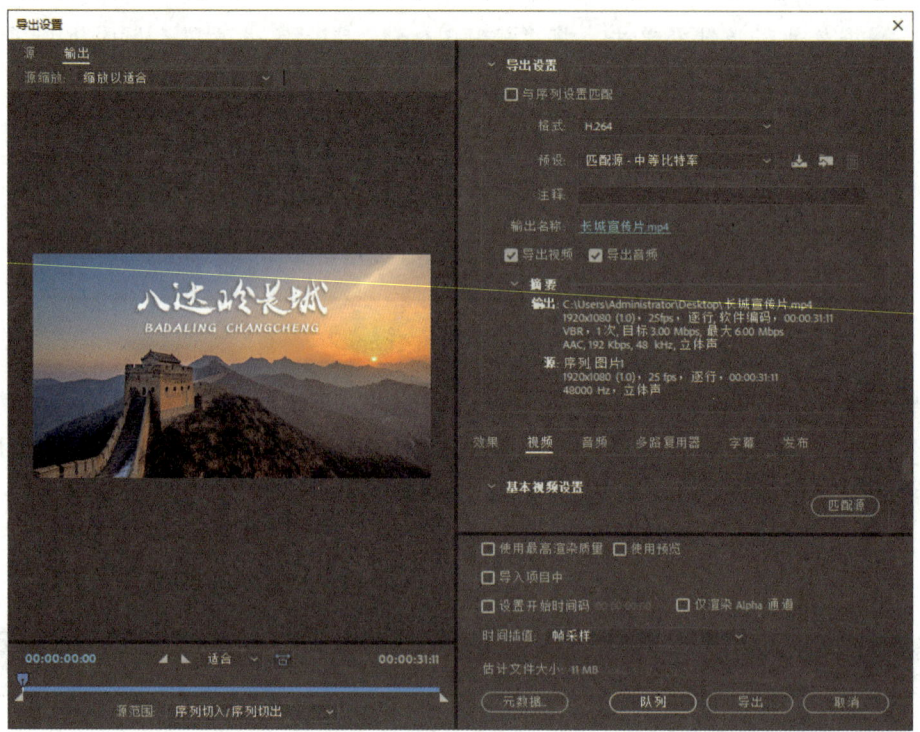

图 2-18　导出设置

任务二　制作关键帧动画

 任务描述

　　本任务首先介绍添加与编辑关键帧的方法，然后利用这些知识制作成长纪念电子相册，效果如图 2-19 所示。

项目二 视频剪辑与关键帧动画

图 2-19 成长纪念电子相册截图

一 添加关键帧

在 Premiere Pro 中，关键帧主要用来标记动画中的特定时刻或状态。视频、音频、图像等素材的各种属性（如位置、缩放、不透明度、音量等）可以通过关键帧进行设置。当用户为素材的某一属性（如不透明度）添加两个相邻的关键帧并分别设置不同的属性值时，软件会自动计算并生成该属性对应的这两个关键帧之间的所有帧（即过渡帧，见图 2-20），使得该属性的这一变化过程连贯自然。在 Premiere Pro 中，一般通过"效果控件"面板为素材添加关键帧。

图 2-20 关键帧动画（不透明度变化）

要通过"效果控件"面板添加关键帧，可首先在"时间轴"面板中选中需要添加关键帧的素材，此时在"效果控件"面板中将显示该素材的固定视频效果；然后单击视频效果中属性左侧的"切换动画"按钮，在当前时间处添加一个关键帧，如图 2-21 所示。要删除视频效果中某个属性的所有关键帧，可再次单击该属性左侧的"切换动画"按钮，

053

并在弹出的警告提示框中单击"确定"按钮。添加第一个关键帧后，单击视频效果中属性右侧的"添加/移除关键帧"按钮，可添加或删除关键帧。

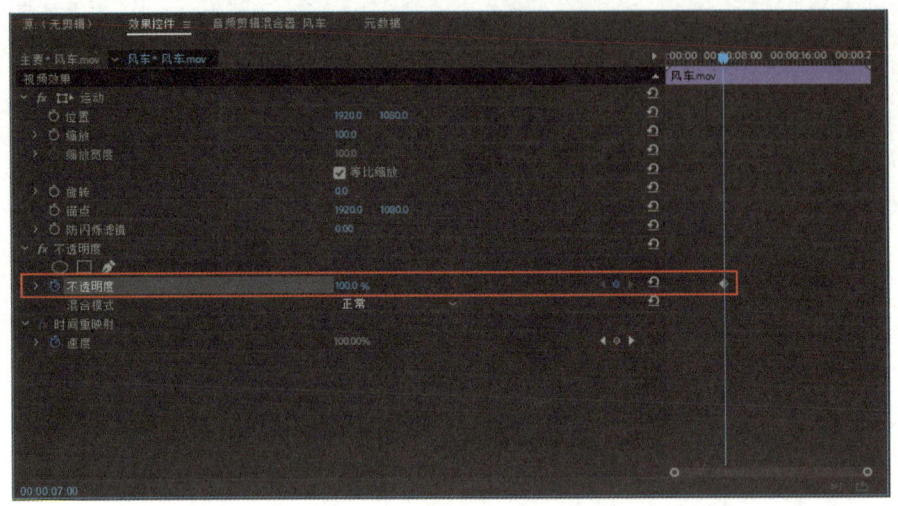

图 2-21　通过"效果控件"面板添加关键帧

> **提示**
>
> 选中某个关键帧后按"Delete"键，可删除该关键帧。此外，要想制作动画效果，至少需要为同一属性添加两个属性值不同的关键帧。

添加关键帧后，用户可以在"效果控件"面板中设置各种固定视频效果的属性，以创建不同的动画效果。下面介绍常用固定视频效果属性的含义。

（1）"运动"固定视频效果。"运动"固定视频效果组中的属性可以实现素材移动、缩放和旋转等视觉效果。其中，"位置"属性可实现素材沿指定轨迹移动的运动效果；"缩放"属性可实现素材大小变换的运动效果；"旋转"属性可实现素材围绕指定轴心转动的运动效果。

> **提示**
>
> 在"节目"面板中双击素材画面，可选中视频轨道最顶层的素材，此时素材画面四周会显示控制框，拖动画面可以调整素材的位置。控制框上有8个控制柄，拖动控制柄可以调整素材的大小，在控制柄外拖动可以调整素材的角度。
>
> 此外，利用控制框也可以为素材添加运动效果。例如，首先在"效果控件"面板中为"位置"属性添加一个关键帧，然后双击"节目"面板中的素材画面显示控制框，接着将时间指针移至其他位置，最后拖动素材以调整其位置，此时在"效果控件"面板中会显示移动素材时自动添加的关键帧。需要注意的是，在移动素材时，"节目"面

板中会显示一条标识素材运动轨迹的路径，拖动路径上的锚点或描点手柄可调整素材画面的运动轨迹，如图 2-22 所示。

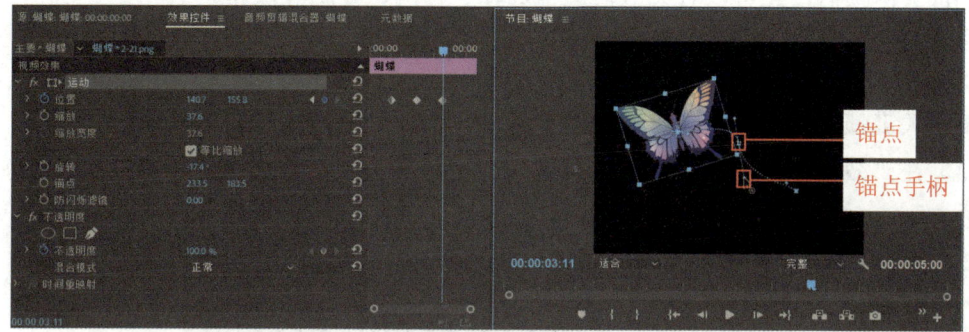

图 2-22　制作移动动画

（2）"不透明度"固定视频效果。"不透明度"固定视频效果用于改变素材的不透明度，使素材画面呈现一定的透明效果，常用于对多个素材进行混合处理。利用它可实现素材渐隐或渐显的动画效果。

知识库

除了通过"效果控件"面板添加关键帧，还可以通过"时间轴"面板来添加。要通过"时间轴"面板添加关键帧，可首先展开要添加关键帧的素材所在的轨道并选中素材；然后将时间指针移至要添加关键帧的位置；最后单击轨道头中的"添加 - 移除关键帧"按钮，如图 2-23 所示。要删除关键帧，可将时间指针移至关键帧处并单击"添加 - 移除关键帧"按钮。

图 2-23　通过"时间轴"面板添加关键帧

右击素材名称左侧的视频效果图标，在弹出的快捷菜单中可选择要添加关键帧的属性类型。

若无法在"时间轴"面板中添加关键帧，可单击"时间轴显示设置"按钮，在展开的列表中选择"显示视频关键帧"和"显示音频关键帧"选项。

编辑关键帧

添加关键帧后,还可以对关键帧进行选择、移动、复制等操作。

1. 选择关键帧

编辑关键帧时,需要先选择关键帧。通常,选择关键帧可以采用以下两种方法。

(1)在"效果控件"面板中单击关键帧即可将其选中,被选中的关键帧呈蓝色加亮显示,如图2-24所示。

图2-24 在"效果控件"面板中选择关键帧

(2)在"效果控件"面板中单击视频效果中的属性名称,可选中该属性对应的所有关键帧。

> **小技巧**
>
> 在"效果控件"面板中,按住"Ctrl"键或"Shift"键的同时依次单击关键帧可选中多个关键帧。
>
> 在"效果控件"面板中单击"转到上一关键帧"按钮◀或"转到下一关键帧"按钮▶,可使时间指针快速定位到相应的关键帧。需要注意的是,修改视频效果中的属性值时是修改时间指针所处位置的属性值,若时间指针所处位置没有关键帧,将自动添加一个关键帧。

2. 移动关键帧

要将关键帧移至其他位置,可在"效果控件"面板中左右拖动关键帧,如图2-25所示。

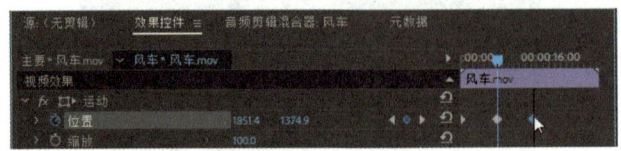

图2-25 在"效果控件"面板中移动关键帧

3. 复制关键帧

在设置视频动画效果的过程中,如果素材上的多个关键帧具有相同的属性设置,可以通过复制操作来快速添加关键帧。

项目二 视频剪辑与关键帧动画

首先在"效果控件"面板中右击要复制的关键帧,在弹出的快捷菜单中选择"复制"选项;然后将时间指针移至合适位置并右击,在弹出的快捷菜单中选择"粘贴"选项,即可在当前位置添加一个与所复制关键帧属性相同的关键帧,如图 2-26 所示。

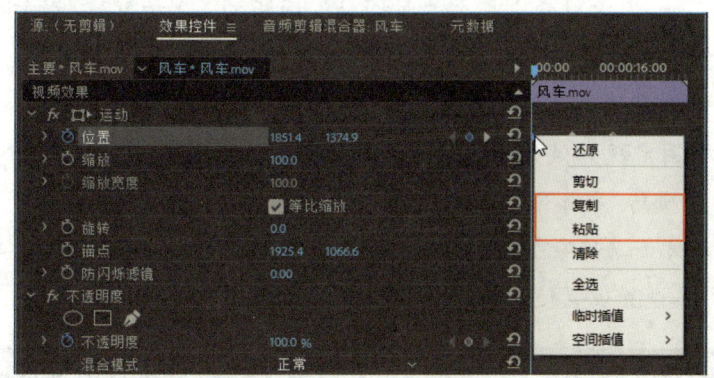

图 2-26 复制关键帧

提示

用户也可以利用"Ctrl+C"和"Ctrl+V"快捷键复制关键帧。要将某个关键帧上的属性复制到其他关键帧上,也可采用上述方法。此外,利用关键帧右键快捷菜单中的相应选项还可以对关键帧进行剪切、清除等操作。

知识库

在 Premiere Pro 中,添加并编辑好关键帧后,关键帧插值(过渡帧的属性值)将由软件自动计算生成。扫一扫,了解关键帧插值的相关知识吧。

关键帧插值

任务实施——制作成长纪念电子相册

本任务实施将通过使用关键帧制作成长纪念电子相册。案例最终效果可参考本书配套素材"素材与实例"/"项目二"/"任务二"文件夹中的"成长纪念电子相册.mp4"文件。

步骤❶ 启动 Premiere Pro,新建一个名为"成长纪念电子相册"的项目。

制作成长纪念电子相册

057

步骤2 导入本书配套素材"素材与实例"/"项目二"/"任务二"文件夹中的素材文件。

步骤3 将"背景.jpg"素材拖至"时间轴"面板中,并设置其持续时间为15秒。将"1.png"和"2.png"素材分别拖至"时间轴"面板的V2和V3视频轨道中,使它们的入点均位于第0帧,并设置它们的持续时间均为5秒。

步骤4 首先单击"时间轴"面板中的"1.png"素材将其选中,在"效果控件"面板中单击"运动"固定视频效果下"位置"属性左侧的"切换动画"按钮 (此时要确保时间指针位于第0帧),添加第一个关键帧;然后将时间指针移至第1秒处,并单击"位置"属性右侧的"添加/移除关键帧"按钮 ,添加第二个关键帧;接着单击"转到上一关键帧"按钮 ,并设置位置值,如图2-27所示。

图2-27 为"1.png"素材制作关键帧动画

步骤5 参照步骤4为"2.png"素材制作关键帧动画,如图2-28所示。

图2-28 为"2.png"素材制作关键帧动画

步骤6 将时间指针移至第1秒处,首先将"3.png"素材拖至"时间轴"面板的V3视频轨道上方(此时自动生成V4视频轨道),使其入点位于第1秒,并设置其持续时间为4秒;然后参照步骤4为其在第1秒和第2秒处分别添加一个不透明度关键帧,并设置第1秒处关键帧的不透明度值为0%,此时的视频效果如图2-29所示。

图2-29 为"3.png"素材制作关键帧动画后的视频效果

步骤 7 将时间指针移至第 2 秒处,参照步骤 6 将"4.png""5.png"和"6.png"素材分别拖至"时间轴"面板的 V5、V6 和 V7 视频轨道中,使它们的入点均位于第 2 秒,并设置它们的持续时间均为 3 秒。

参照步骤 4 为它们在第 2 秒和第 3 秒处分别添加一个位置关键帧,并设置"4.png"素材第 2 秒处关键帧的位置值为 1016.0、360.0,"5.png"素材第 2 秒处关键帧的位置值为 -230.0、157.0,"6.png"素材第 2 秒处关键帧的位置值为 877.0、0.0,此时的视频效果如图 2-30 所示。

图 2-30 为"4.png""5.png"和"6.png"素材制作关键帧动画后的视频效果

步骤 8 选中"3.png"素材,选中其第 1 秒处的关键帧并按"Ctrl+C"组合键复制关键帧。将"7.png"和"8.png"素材分别拖至"时间轴"面板的 V2 和 V3 视频轨道中,使它们分别接排"1.png"和"2.png"素材,并设置它们的持续时间均为 5 秒。选中"7.png"素材,将时间指针移至第 5 秒处并按"Ctrl+V"组合键粘贴关键帧(须选中"效果控件"面板)。采用同样的方法,在"8.png"素材的第 5 秒处粘贴关键帧。

采用上述方法将"3.png"素材第 2 秒处的关键帧分别复制到"7.png"和"8.png"素材的第 6 秒处,此时的视频效果如图 2-31 所示。

图 2-31 为"7.png"和"8.png"素材制作关键帧动画后的视频效果

步骤 9 将"照片 1.png""照片 2.png"和"照片 3.png"素材分别拖至"时间轴"面板的 V4、V5 和 V6 视频轨道中,使它们的入点均位于第 6 秒,并设置它们的持续时间均为 4 秒。设置"照片 1.png"素材的位置值,调整其位置,在第 6 秒和第 7 秒处分别为"缩放"和"旋转"属性添加关键帧并设置属性值,如图 2-32 所示。

步骤 10 参照步骤 9 调整"照片 2.png"和"照片 3.png"素材的位置,在第 6 秒和第 7 秒处分别为它们添加关键帧,并设置属性值,如图 2-33 所示。

图 2-32 调整"照片 1.png"素材的位置并为其制作关键帧动画

"照片 2.png"素材第 6 秒处属性设置

"照片 2.png"素材第 7 秒处属性设置

"照片 3.png"素材第 6 秒处属性设置　　　　　　"照片 3.png"素材第 7 秒处属性设置

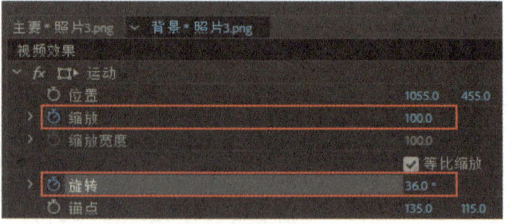

为"照片 2.png"和"照片 3.png"素材制作关键帧动画后的视频效果

图 2-33 调整"照片 2.png"和"照片 3.png"素材的位置并为其制作关键帧动画

步骤 11 参照图 2-34 将 "9.png" "照片 4.png" "照片 5.png" 和 "照片 6.png" 素材拖至 "时间轴" 面板中。参照步骤 8 将 "3.png" 素材上的关键帧动画效果复制到 "9.png" 素材上，"照片 1.png" "照片 2.png" 和 "照片 3.png" 素材上的关键帧动画效果分别复制到 "照片 4.png" "照片 5.png" 和 "照片 6.png" 素材上。

设置 "照片 4.png" "照片 5.png" 和 "照片 6.png" 素材的位置值分别为 266.0、385.0、633.0、226.0、1018.0、343.0，此时的视频效果如图 2-35 所示。

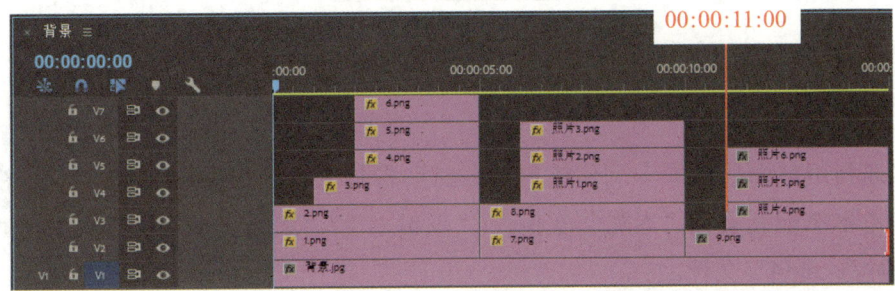

图 2-34　"时间轴" 面板效果

图 2-35　为其余素材制作关键帧动画并调整位置的视频效果

步骤 12 首先将 "音乐 .wav" 素材拖至 "时间轴" 面板的 A1 音频轨道中，并使其入点位于第 0 帧，然后利用 "剃刀工具" 对其进行剪辑，使其剩余时长与视频时长相等。

步骤 13 首先预览视频效果，然后参照图 2-36 中的参数设置（其他参数保持默认）导出视频，最后保存项目文件并关闭软件。

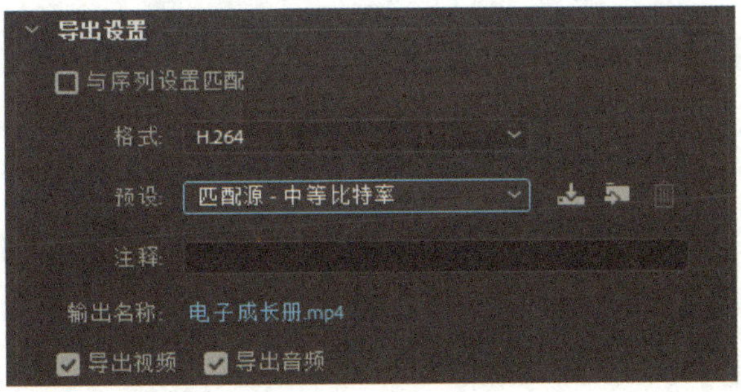

图 2-36　导出设置

> **提示**
> 用户可以采用上述方法继续制作成长纪念电子相册，使视频效果更加丰富。

项目实训

1. 实训内容

本实训利用前面所学知识制作植树节公益广告片头，效果如图 2-37 所示。视频最终效果可参考本书配套素材"素材与实例"/"项目二"/"项目实训"文件夹中的"植树节公益广告片头 .mp4"文件。

图 2-37　植树节公益广告片头截图

2. 操作提示

（1）启动 Premiere Pro，新建一个名为"植树节公益广告片头"的项目。

（2）导入本书配套素材"素材与实例"/"项目二"/"项目实训"文件夹中的素材文件。

（3）将"树叶 .mp4"素材拖至"时间轴"面板中，取消其视频部分与音频部分的链接，删除音频，并设置视频的持续时间为 15 秒。

（4）将"文字 .png"素材拖至"时间轴"面板的 V2 视频轨道中，使其入点位于第 4 秒，并设置其持续时间为 11 秒。

（5）首先设置"文字.png"素材的缩放值为50.0，并在其入点处添加一个缩放关键帧；然后在其第14秒处添加第二个缩放关键帧，并设置缩放值为30.0。

（6）首先将"水墨.mp4"素材拖至"时间轴"面板的V3视频轨道中，使其入点位于第0帧；然后将时间指针移至第2秒8帧处，利用"剃刀工具"从该处将"水墨.mp4"素材剪成两部分，并删掉前面部分。

（7）首先将"水墨.mp4"素材右移，使其入点与"文字.png"素材的入点对齐；然后将时间指针移至第8秒处；接着从该处将"水墨.mp4"素材剪成两部分，并删掉后面部分；最后设置"水墨.mp4"素材的缩放值为200.0、不透明度的混合模式为"变亮"，并让该素材倒放（选中"剪辑速度/持续时间"对话框中的"倒放速度"复选框）。

（8）首先将"音乐.mp3"素材拖至"时间轴"面板的A1音频轨道中，并使其入点位于第0帧；然后利用"剃刀工具"对其进行剪辑，使其剩余时长与视频时长相等，此时的"时间轴"面板效果如图2-38所示。

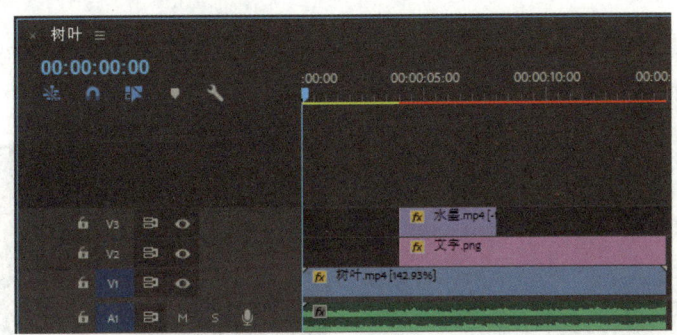

图2-38　添加音频素材后的"时间轴"面板效果

（9）首先预览视频效果，然后导出格式为MP4的视频，最后保存项目文件并关闭软件。

项目考核

1. 选择题

（1）在Premiere Pro中，可利用（　　）面板剪辑素材。

　　A．"源"　　　　　　　　　　　　　　B．"节目"

　　C．"时间轴"　　　　　　　　　　　　D．以上均可

(2) 在 Premiere Pro 中，可利用（　　）将素材剪成两部分。
　　A．"剃刀工具" 　　　　　　　　　　B．"滚动编辑工具"
　　C．"波纹编辑工具" 　　　　　　　　D．"比率拉伸工具"

(3) 下列关于在 Premiere Pro 中添加关键帧的描述，正确的是（　　）。
　　A．可以通过"时间轴"面板和"效果控件"面板添加关键帧
　　B．仅可以通过"时间轴"面板添加关键帧
　　C．仅可以通过"效果控件"面板添加关键帧
　　D．仅可以通过"项目"面板添加关键帧

(4) 在 Premiere Pro 的"效果控件"面板中，（　　）关键帧即可将其选中。
　　A．双击 　　　　　　　　　　　　　B．单击
　　C．右击 　　　　　　　　　　　　　D．框选

2．操作题

利用本书配套素材"素材与实例"/"项目二"/"项目考核"文件夹中的素材制作如图 2-39 所示的中秋节宣传片。

图 2-39　中秋节宣传片截图

提示：

(1) 启动 Premiere Pro，新建一个名为"中秋节宣传片"的项目。

(2) 导入本书配套素材"素材与实例"/"项目二"/"项目考核"文件夹中的素材文件。

(3) 将"背景.png"素材拖至"时间轴"面板中，并设置其持续时间为 5 秒。将"文字 1.png"素材拖至"时间轴"面板的 V2 视频轨道中，使其入点位于第 0 帧，并设置其持续时间为 5 秒。

（4）在"文字 1.png"素材的第 0 帧和第 2 秒处分别添加一个不透明度关键帧，并设置第 0 帧和第 2 秒处关键帧的属性值分别为 0.0% 和 100.0%。

（5）截取"吃月饼 .mp4"素材第 0 帧至第 20 秒的片段，并设置其持续时间为 6 秒；截取"赏月 .mp4"素材第 0 帧至第 16 秒的片段，并设置其持续时间为 8 秒；截取"放花灯 .mp4"素材第 0 帧至第 6 秒的片段。将截取的素材参照图 2-40 拖至"时间轴"面板中。为了方便剪辑，可先将素材拖至空视频轨道中，剪辑完成后再拖至 V1 视频轨道的相应位置。

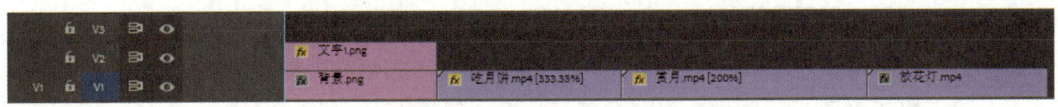

图 2-40　添加剪辑素材后的"时间轴"面板效果

（6）参照图 2-41 将"文字 2.png""文字 3.png"和"文字 4.png"素材拖至"时间轴"面板的 V2 视频轨道中，并调整它们的持续时间。

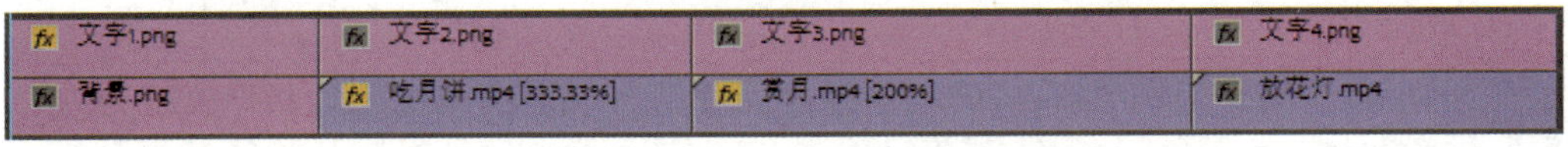

图 2-41　添加文字素材后的"时间轴"面板效果

（7）将"文字 1.png"素材第 0 帧处的关键帧分别复制到"文字 2.png"素材的第 5 秒处、"文字 3.png"素材的第 11 秒处、"文字 4.png"素材的第 19 秒处。将"文字 1.png"素材第 2 秒处的关键帧分别复制到"文字 2.png"素材的第 7 秒处、"文字 3.png"素材的第 13 秒处、"文字 4.png"素材的第 21 秒处。

（8）首先将"音乐 .mp3"素材拖至"时间轴"面板的 A1 音频轨道中，并使其入点位于第 0 帧；然后对其进行剪辑，使其剩余时长与视频时长相等。

（9）首先预览视频效果，然后导出格式为 MP4 的视频。

（10）保存项目文件并关闭软件。

项目评价

完成所有学习任务之后，请按照以下要求完成项目评价。

全班同学每 5 人一组，各组成员结合课前、课中和课后的学习情况，以及项目实训和项目考核的完成情况，按照表 2-1 中的评价标准对本项目的学习效果进行自评和互评（小组组内成员互相打分），并请教师进行总体评价。

表 2-1　学习效果评价表

评价项目	评价内容	分值	评价分数		
			自评	互评	师评
知识（40%）	剪辑常用面板	10 分			
	常用剪辑方法	10 分			
	添加关键帧的方法	10 分			
	编辑关键帧的方法	10 分			
技能（40%）	灵活运用不同的剪辑方法剪辑视频	20 分			
	灵活运用关键帧制作动画	20 分			
素养（20%）	勤于思考，善于沟通、协作	5 分			
	按时、积极参加各项活动	5 分			
	高质量地完成课堂练习、课后作业	5 分			
	具备良好的学习态度	5 分			
合计		100 分			
总评	自评（20%）+ 互评（20%）+ 师评（60%）=	综合等级	指导教师（签名）：		

注：综合等级可以"优"（总评得分≥90 分）、"良"（80 分≤总评得分＜90 分）、"中"（60 分≤总评得分＜80 分）、"差"（总评得分＜60 分）为标准进行评价。

项目三

视频过渡

项目导读

镜头是使用摄像机等拍摄的一段连续画面,一部视频作品往往由许多镜头组成。在视频编辑中,从一个镜头切换到另一个镜头时需要添加过渡,这样可以使镜头之间的切换更加平滑、自然,避免突兀。Premiere Pro 提供了大量的视频过渡,合理使用这些视频过渡,可以增强视觉效果,丰富镜头语言,提升观看体验。本项目将介绍应用和编辑视频过渡的方法。

学习目标

知识目标
- 了解视频过渡的概念与作用。
- 了解不同类型视频过渡的特点。
- 掌握管理、应用、设置、替换、删除与复制视频过渡的方法。

能力目标
- 能够根据实际需求灵活运用各种视频过渡制作视频作品。

素质目标
- 培养对美的感知能力、表达能力和判断力,提升审美水平和艺术素养。
- 激发想象力和创造力,培养勇于挑战、积极进取的精神。

任务一　了解、管理与应用视频过渡

任务描述

本任务首先介绍视频过渡的概念、作用，管理与应用视频过渡的方法，以及不同类型视频过渡的特点，然后利用这些知识制作风景短视频，效果如图 3-1 所示。

图 3-1　风景短视频截图

一　了解视频过渡

视频过渡也称视频转场，是指镜头段落或场景之间的转换。它可以使视频画面的切换变得连贯、自然，从而增强视频的表现力和吸引力。在 Premiere Pro 中，视频过渡可以用在两个视频、图片、图形等素材之间，使前面素材渐隐、后面素材渐显，也可以用在单个素材的入点和出点，实现单个素材的渐显和渐隐。例如，在图 3-2 中，视频画面由小猫图像切换为小狗图像时，在两个素材之间应用视频过渡后，两个图像之间的切换变得特别自然。

项目三 视频过渡

图 3-2　在小猫图像和小狗图像之间应用视频过渡

二 管理视频过渡

在 Premiere Pro 中，所有视频过渡都被分门别类放置在"效果"面板的"视频过渡"文件夹中，如图 3-3 所示。要展开文件夹，可单击文件夹名称左侧的 ▶ 图标（此时 ▶ 图标变为 ▼ 图标）；要折叠文件夹，可单击文件夹名称左侧的 ▼ 图标。

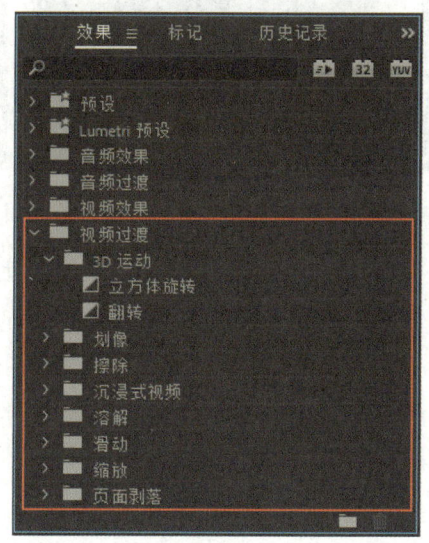

图 3-3　"视频过渡"文件夹

知识库

在"效果"面板中，搜索框和部分效果名称右侧有 ⚡32 YUV 标签，这些标签分别代表不同的含义。其中，"加速效果"标签 ⚡ 表示应用该效果时，GPU（图形处理器）会加速显示该效果；"32 位颜色"标签 32 表示该效果的每个通道都是 32 位的；"YUV 效果"标签 YUV 表示该效果是 YUV 格式的效果，即把视频拆解成一个亮度通道和两个颜色通道，这样可以在调整亮度的同时不影响颜色。

在"效果"面板中,用户可以对视频过渡进行各种管理操作。

(1)要查找视频过渡,可单击"效果"面板中的搜索框并输入要查找的视频过渡名称关键字,此时"效果"面板的"视频过渡"文件夹下将显示与关键字相匹配的视频过渡,如图3-4所示。要取消查找视频过渡操作,可单击搜索框右侧的 × 按钮。

(2)要新建自定义文件夹,可单击"效果"面板右下角的"新建自定义素材箱"按钮,或者在"效果"面板的空白处右击并在弹出的快捷菜单中选择"新建自定义素材箱"选项,此时"效果"面板中将显示新建的自定义文件夹,如图3-5所示。

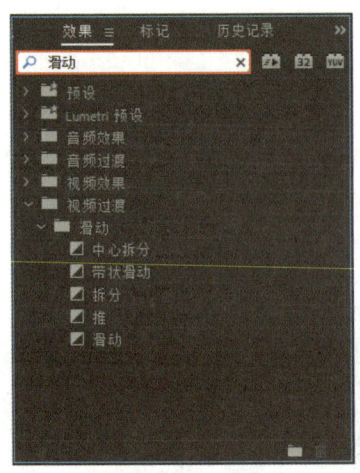
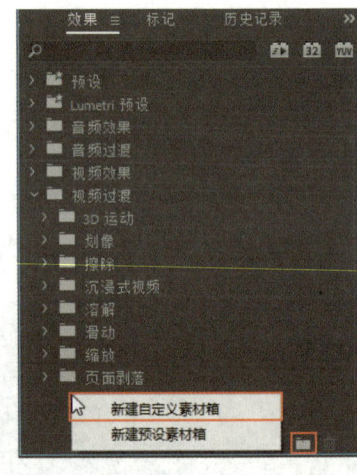
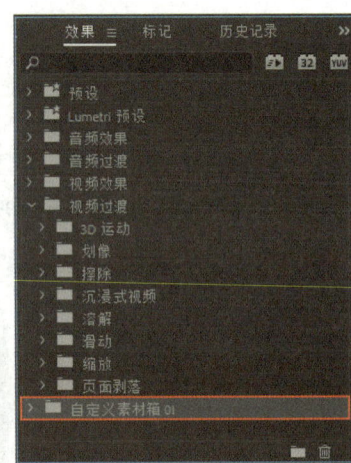

图3-4　查找视频过渡　　　　　　　　图3-5　新建自定义文件夹

为便于查找和使用,可将常用的视频过渡拖入新建的自定义文件夹。需要注意的是,将视频过渡拖入自定义文件夹,实际上是复制视频过渡而不是将视频过渡从原文件夹移动到自定义文件夹。

(3)要重命名自定义文件夹,可先单击文件夹将其选中,再单击文件夹使其名称变为可编辑状态,此时输入新名称并按"Enter"键确认。

(4)要删除自定义文件夹,可首先在选中自定义文件夹后单击"效果"面板右下角的"删除自定义项目"按钮或按"Delete"键,或者右击自定义文件夹并在弹出的快捷菜单中选择"删除"选项;然后在打开的"删除项目"对话框中单击"确定"按钮。

删除自定义文件夹的同时也会删除文件夹中的所有视频过渡。如果只想删除自定义文件夹中的个别视频过渡,可先展开自定义文件夹,再对目标视频过渡执行删除操作,其方法与删除自定义文件夹类似。

(5)默认的视频过渡为"交叉溶解"(其左侧图标带有蓝色边框),要更改默认视频过渡,可右击其他视频过渡并在弹出的快捷菜单中选择"将所选过渡设置为默认过渡"选项。

知识库

单击"效果"面板名称右侧的 ≡ 按钮,在展开的列表中选择相应选项也可完成上述操作。

视频过渡的默认持续时间为 25 帧,要更改视频过渡的默认持续时间,可选择"编辑"/"首选项"/"时间轴"选项,在打开的"首选项"对话框中更改"视频过渡默认持续时间"参数后单击"确定"按钮。此外,在"视频过渡默认持续时间"设置项下方还有"音频过渡默认持续时间"设置项和"静止图像默认持续时间"设置项,利用它们可以设置音频过渡和静止图像的默认持续时间。

应用视频过渡

要为素材应用视频过渡,可将"效果"面板中的视频过渡拖至"时间轴"面板中的两个素材之间及单个素材的入点或出点。应用视频过渡后,在"效果控件"面板中可显示所选视频过渡的设置项;在"节目"面板中可预览视频过渡效果;在"时间轴"面板的素材上可显示视频过渡,并且将鼠标指针悬停在视频过渡上会显示视频过渡的名称、开始时间、结束时间和持续时间等信息,如图 3-6 所示。

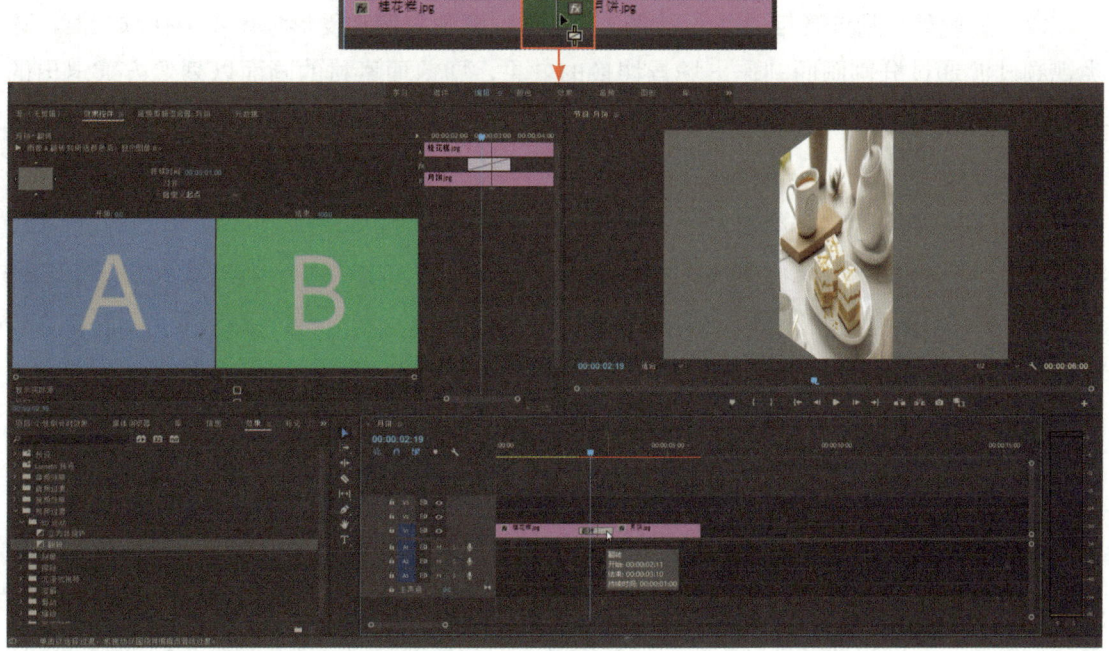

图 3-6 应用视频过渡

> **提示**
> 在"信息"面板中也可以查看所选视频过渡的基本信息。

此外,右击"时间轴"面板中要应用视频过渡的编辑点(如素材之间、单个素材的入点、出点等),在弹出的快捷菜单中选择"应用默认过渡"选项,可为编辑点应用默认视频过渡。要为多个素材应用默认视频过渡,可先选中素材,再选择"序列"/"应用默认过渡到选择项"选项或按"Shift+D"组合键。

下面介绍 Premiere Pro 中常用的视频过渡类型及其特点。

(1)3D 运动类视频过渡包括立方体旋转和翻转两个视频过渡,这类视频过渡通过模仿立方体旋转或纸张翻转,给观众营造从二维到三维的立体视觉效果。例如,应用"立方体旋转"视频过渡后,前面素材与后面素材将会作为同一立方体的两个相邻面,通过对立方体进行旋转实现素材之间的切换,如图 3-7 所示。

图 3-7 应用"立方体旋转"视频过渡

(2)划像类视频过渡包括交叉划像、圆划像、盒形划像和菱形划像 4 个视频过渡,这类视频过渡通过分割画面制作出场景切换的效果,即前面素材的画面以划像方式退出的同时,后面素材的画面逐渐显示。例如,应用"交叉划像"视频过渡后,后面素材的画面会以十字状出现在前面素材的画面中并逐渐变大,最终覆盖前面素材的画面,如图 3-8 所示。

图 3-8 应用"交叉划像"视频过渡

(3)擦除类视频过渡包括划出、双侧平推门、带状擦除等十几个视频过渡,这类视频过渡通过多种形式擦除前面素材的画面以显示后面素材的画面。例如,应用"带状擦除"视频过渡后,会以矩形条左右交叉的形式擦除前面素材的画面,显示后面素材的画面,如图 3-9 所示。

图 3-9　应用"带状擦除"视频过渡

（4）溶解类视频过渡包括 MorphCut、交叉溶解、叠加溶解、白场过渡、胶片溶解、非叠加溶解和黑场过渡 7 个视频过渡，这类视频过渡主要通过淡出淡入的方式完成场景切换，即从前面素材的画面柔和地过渡到后面素材的画面。例如，应用"交叉溶解"视频过渡后，前面素材的画面逐渐变得透明，显示后面素材的画面，如图 3-10 所示。

图 3-10　应用"交叉溶解"视频过渡

（5）滑动类视频过渡包括中心拆分、带状滑动、拆分、推和滑动 5 个视频过渡，这类视频过渡主要通过画面平移完成场景切换。例如，应用"滑动"视频过渡后，后面素材的画面从屏幕一侧逐渐滑动出现，直至完全覆盖前面素材的画面，如图 3-11 所示。

图 3-11　应用"滑动"视频过渡

（6）缩放类视频过渡只有一个，就是"交叉缩放"视频过渡，应用该视频过渡后，前面素材的画面逐渐放大并冲出屏幕，再切换到后面素材的放大画面并逐渐缩小至正常尺寸，如图 3-12 所示。

图 3-12　应用"交叉缩放"视频过渡

（7）页面剥落类视频过渡包括翻页和页面剥落两个视频过渡，这类视频过渡是通过模拟翻动或卷动页面的方式将前面素材的画面除去，显示后面素材的画面。例如，应用"翻页"视频过渡后，前面素材的画面会像翻开书页一样从屏幕一角揭起，露出后面素材的画面，如图3-13所示。

图3-13　应用"翻页"视频过渡

知识库

除上述视频过渡类型外，还有一种视频过渡类型——沉浸式视频类视频过渡。沉浸式视频类视频过渡包括VR光圈擦除、VR光线和VR渐变擦除等8个视频过渡，这类视频过渡可添加自定义视频过渡，并且不会使画面出现失真现象。

与系统默认使用的"编辑"预设工作区相比，"效果"预设工作区提供的面板更加有助于用户查看、应用和编辑视频过渡。因此，用户可根据需要随时切换使用不同的预设工作区。

任务实施——制作风景短视频

本任务实施将使用Premiere Pro提供的视频过渡制作风景短视频。案例最终效果可参考本书配套素材"素材与实例"/"项目三"/"任务一"文件夹中的"风景短视频.mp4"文件。

制作风景短视频

步骤❶ 启动Premiere Pro，新建一个名为"风景短视频"的项目。选择"编辑"/"首选项"/"时间轴"选项，在打开的"首选项"对话框中设置"静止图像默认持续时间"为5秒（见图3-14）后单击"确定"按钮。

步骤❷ 首先导入本书配套素材"素材与实例"/"项目三"/"任务一"文件夹中的素材文件；然后将"1.jpg"～"6.jpg"素材全部选中并拖至"时间轴"面板中（此时自动生成序列）。

步骤❸ 将"7.mp4"～"10.mp4"素材全部选中并拖至"时间轴"面板的V1视频轨道中，使"7.mp4"素材接排"6.jpg"素材。将"音乐.mp3"素材拖至"时间轴"面板的A1音频轨道中，使其入点位于第0帧，并剪掉音频素材超出视频素材的部分，此时的"时间轴"面板效果如图3-15所示。

项目三 视频过渡

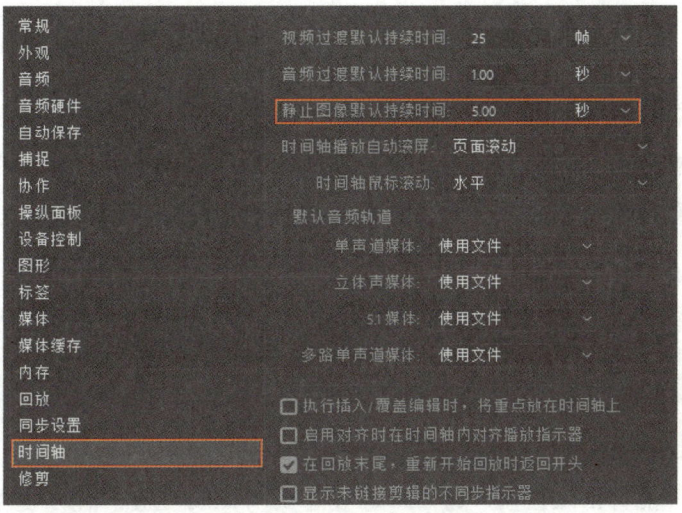

图 3-14　设置静止图像默认持续时间

图 3-15　添加素材后的"时间轴"面板效果

步骤❹ 将"效果"面板"视频过渡"文件夹中"3D运动"分类下的"翻转"视频过渡拖至"1.jpg"素材入点，如图 3-16 所示。

图 3-16　为"1.jpg"素材应用"翻转"视频过渡

步骤❺ 将"视频过渡"文件夹中"划像"分类下的"菱形划像"视频过渡拖至"1.jpg"素材与"2.jpg"素材之间，如图 3-17 所示。

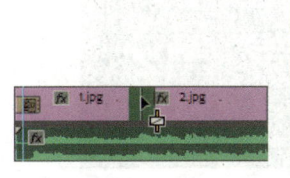

图 3-17　在"1.jpg"素材与"2.jpg"素材之间应用"菱形划像"视频过渡

步骤 ❻ 参照步骤4或步骤5，在"2.jpg"素材与"3.jpg"素材之间应用"擦除"分类下的"风车"视频过渡；

在"3.jpg"素材与"4.jpg"素材之间应用"溶解"分类下的"白场过渡"视频过渡；

在"4.jpg"素材与"5.jpg"素材之间应用"滑动"分类下的"带状滑动"视频过渡；

在"5.jpg"素材与"6.jpg"素材之间应用"缩放"分类下的"交叉缩放"视频过渡；

在"7.mp4"素材入点应用"页面剥落"分类下的"页面剥落"视频过渡；

在"7.mp4"素材与"8.mp4"素材之间应用"溶解"分类下的"胶片溶解"视频过渡；

在"8.mp4"素材与"9.mp4"素材之间应用"擦除"分类下的"随机擦除"视频过渡；

在"9.mp4"素材与"10.mp4"素材之间应用"滑动"分类下的"中心拆分"视频过渡；

在"10.mp4"素材出点应用"溶解"分类下的"黑场过渡"视频过渡。

需要注意的是，在视频素材之间应用视频过渡时，会弹出提示框，单击其中的"确定"按钮即可。此时的"时间轴"面板效果如图3-18所示。

图3-18　应用视频过渡后的"时间轴"面板效果

步骤 ❼ 首先预览视频效果，然后参照图3-19中的参数设置导出视频，最后保存项目文件并关闭软件。

图3-19　导出设置

项目三 视频过渡

拓展阅读

短视频具有传播速度快、受众面广等特点,是目前非常火热的传播载体。与此同时,短视频创作也面临内容同质化严重、制作质量良莠不齐、版权争议频发等诸多问题。例如,未经原作者授权,随意剪辑、搬运或"缝合"他人的作品。

《中华人民共和国著作权法》规定,文学、艺术和科学领域内具有独创性并能以一定形式表现的智力成果,如文字作品、美术作品、建筑作品、摄影作品、视听作品、图形与模型作品、计算机软件等,均受该法保护。这意味着只要短视频具有独创性,能在一定程度上反映出创作者的构思等,不论其时间长短,均可作为视听作品,受该法保护。此外,若短视频难以体现独创性,只是对某些场景或日常生活的简单录制等,也可作为录音录像制品,受该法保护。

因此,创作者要自觉遵守相关法律法规,增强版权保护意识。对短视频的表达和构思应具有独创性,使用他人音乐、图片、连续画面、文字作品等应先取得授权,以避免侵犯他人版权。同时,可以采取作品版权登记等手段来保护自己的合法权益。此外,创作者应坚持正确价值导向,积极创作和传播有益于弘扬社会主义核心价值观的作品。

任务二 编辑视频过渡

任务描述

本任务首先介绍设置视频过渡,以及替换、删除与复制视频过渡的方法,然后利用这些知识制作"诗词大会"片头,效果如图 3-20 所示。

图 3-20 "诗词大会"片头截图

一 设置视频过渡

在为素材应用视频过渡后,有时默认的视频过渡效果并不能完全满足视频作品制作的需要,此时就需要对视频过渡进行设置。在"时间轴"面板中选中视频过渡后,可利用"效果控件"面板对其进行设置,如图 3-21 所示。

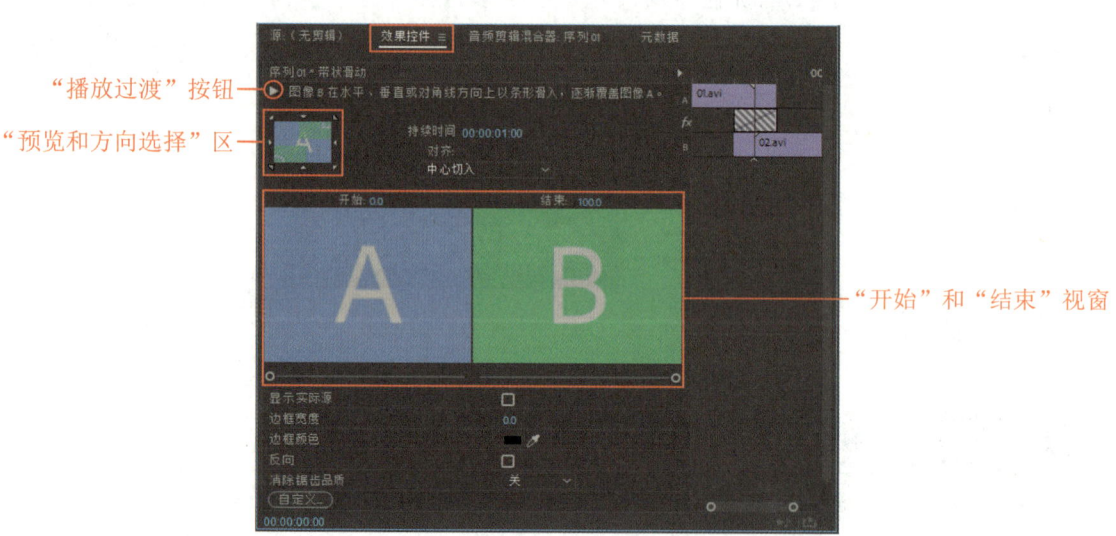

图 3-21 在"效果控件"面板中设置视频过渡

"效果控件"面板中各设置项的含义如下。

(1)"**播放过渡**"**按钮**:单击该按钮后,在下方的"预览和方向选择"区将演示视频过渡效果。此外,该按钮右侧的文字是对当前视频过渡的描述。

(2)"**预览和方向选择**"**区**:用于预览视频过渡效果和改变视频过渡的方向(单击其四周的三角按钮即可,部分视频过渡无法在此改变方向)。

(3)"**开始**"**和**"**结束**"**视窗**:分别对应前面素材和后面素材,拖动下方的滑块或在上方的"开始"和"结束"编辑框中输入数值,可改变视频过渡开始和结束的位置。此外，拖动滑块时还可实时预览视频过渡效果。

（4）"持续时间"编辑框：在该编辑框中输入数值可设置视频过渡的持续时间。

知识库

要设置视频过渡的持续时间，可将鼠标指针移至"时间轴"面板中视频过渡的左边缘或右边缘，当鼠标指针呈 或 形状时按住鼠标左键并拖动；也可在"时间轴"面板中的视频过渡上右击并在弹出的快捷菜单中选择"设置过渡持续时间"选项，或者双击"时间轴"面板中的视频过渡，在打开的"设置过渡持续时间"对话框中设置持续时间后单击"确定"按钮。

（5）"对齐"列表：该列表中的选项用于设置视频过渡相对于素材的对齐方式。

知识库

将鼠标指针移至"时间轴"面板中的视频过渡上，按住鼠标左键并向左或向右拖动也可设置视频过渡与素材的对齐方式。此外，设置视频过渡的持续时间时，会因对齐方式的不同而产生不同影响：当对齐方式为"中心切入"或"自定义起点"时，持续时间值对入点和出点都有影响；当对齐方式为"起点切入"时，持续时间值只对出点有影响；当对齐方式为"终点切入"时，持续时间值只对入点有影响。

（6）"显示实际源"复选框：选中该复选框后，将在"预览和方向选择"区，以及"开始"和"结束"视窗中以素材画面显示视频过渡效果。

（7）"边框宽度"编辑框：该编辑框用于设置视频过渡的边框宽度，默认值为"0"，即无边框（部分视频过渡不允许添加边框）。

（8）"边框颜色"选项：单击色块并在打开的"拾色器"对话框中设置颜色后单击"确定"按钮，或者单击"吸管"按钮 并在工作界面的任意位置单击，均可设置视频过渡的边框颜色。

（9）"反向"复选框：选中该复选框后，可倒放视频过渡。

（10）"消除锯齿品质"列表：该列表中的选项用于设置视频过渡边缘的平滑度，即两个素材相交边缘的抗锯齿效果。品质越高，视频过渡越平滑。

二 替换、删除与复制视频过渡

在应用视频过渡后，如果效果不理想，可将其替换或删除；如果想将同一个视频过渡应用到多个素材上，可通过复制粘贴操作来实现。

（1）要替换已应用的视频过渡，可将新的视频过渡拖至该视频过渡上，此时视频过渡的持续时间和对齐方式不变，但其他参数会相应变化。

（2）要删除已应用的视频过渡，可在选中视频过渡后按"Delete"键，或者右击视频过渡并在弹出的快捷菜单中选择"清除"选项。

> **提示**
>
> 若两个素材之间已应用视频过渡，当调整它们的出点或入点位置，使它们之间出现空隙时，会自动删除该视频过渡。

（3）要复制已应用的视频过渡，可先将其选中并按"Ctrl+C"组合键，再单击要粘贴视频过渡的编辑点并按"Ctrl+V"组合键。

任务实施——制作"诗词大会"片头

本任务实施将通过使用和编辑视频过渡制作"诗词大会"片头。案例最终效果可参考本书配套素材"素材与实例"/"项目三"/"任务二"文件夹中的"'诗词大会'片头.mp4"文件。

制作"诗词大会"片头

步骤 1 启动 Premiere Pro，新建一个名为"'诗词大会'片头"的项目，并参照图 3-22 新建序列。

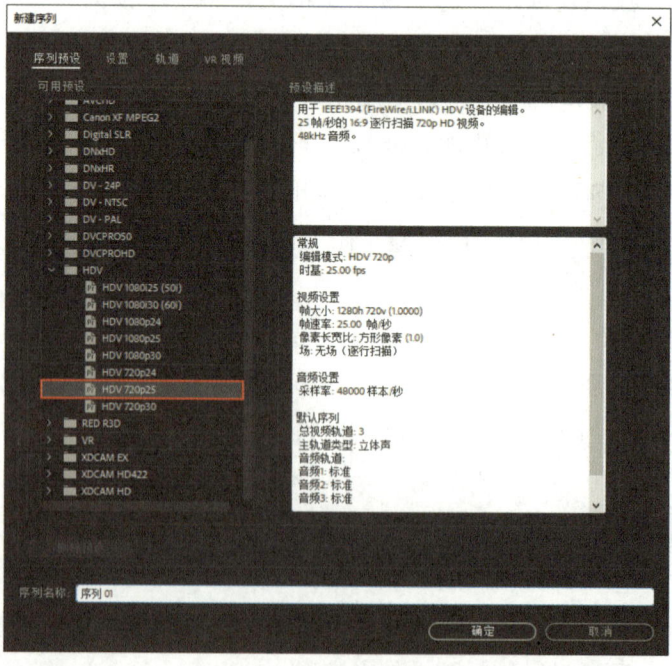

图 3-22　序列设置

步骤❷ 导入本书配套素材"素材与实例"/"项目三"/"任务二"文件夹中的素材文件。

步骤❸ 首先将"纸张.jpg"素材拖至"时间轴"面板的V1视频轨道中，使其入点位于第0帧，并设置其持续时间为14秒；然后将"卷轴.png"素材拖至"时间轴"面板的V2视频轨道中，使其入点位于第0帧，并设置其持续时间为14秒，如图3-23所示。

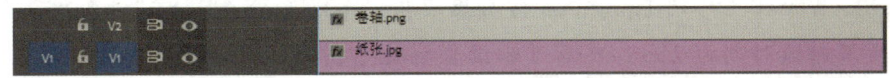

图3-23　在"时间轴"面板中添加"纸张.jpg"和"卷轴.png"素材

步骤❹ 保持"时间轴"面板中的"卷轴.png"素材处于选中状态，首先在"效果控件"面板中设置"运动"固定视频效果下"位置"属性的值为595.0、360.0；然后单击"位置"属性左侧的"切换动画"按钮 添加第一个关键帧，此时要确保时间指针位于第0帧；接着将时间指针移至第3秒处，添加第二个关键帧并设置位置值为55.0、360.0，如图3-24所示。

图3-24　为"卷轴.png"素材添加关键帧并设置属性值

步骤❺ 首先参照步骤3将"卷轴.png"素材再次拖至"时间轴"面板的V3视频轨道中并设置持续时间；然后参照步骤4设置其位置值为685.0、360.0，在第0帧添加第一个关键帧，在第3秒处添加第二个关键帧并设置其位置值为1225.0、360.0。

步骤❻ 首先将"效果"面板"视频过渡"文件夹"擦除"分类下的"双侧平推门"视频过渡拖至"纸张.jpg"素材入点；然后单击应用的视频过渡将其选中，并在"效果控件"面板中设置其持续时间为3秒10帧，此时的视频效果如图3-25所示。

图3-25　视频效果

> **提示**
>
> 预览卷轴展开效果，若效果不理想，可通过设置视频过渡参数或添加关键帧等方式进行调整。

步骤 7 将时间指针移至 3 秒 10 帧处,将"诗词 1.png"素材拖至"时间轴"面板的 V3 视频轨道上方(此时自动生成 V4 视频轨道),使其入点与时间指针对齐,并设置其持续时间为 6 秒 15 帧。采用上述方法先设置时间指针的位置,再添加"诗词 2.png"和"诗词 3.png"素材,并设置它们的入点和出点位置,此时的"时间轴"面板效果如图 3-26 所示。

步骤 8 首先在"诗词 1.png"素材入点应用"溶解"分类下的"叠加溶解"视频过渡,并设置其持续时间为 2 秒;然后复制设置后的"叠加溶解"视频过渡并分别将其粘贴到"诗词 2.png"和"诗词 3.png"素材入点(粘贴前需要先单击素材的入点)。

采用上述方法在"诗词 1.png""诗词 2.png"和"诗词 3.png"素材出点应用"溶解"分类下的"胶片溶解"视频过渡,并设置"诗词 1.png"素材出点处视频过渡的持续时间为 1 秒 12 帧,"诗词 3.png"素材出点处视频过渡的持续时间为 12 帧,"诗词 2.png"素材出点处视频过渡的持续时间保持默认,此时的"时间轴"面板效果如图 3-27 所示。

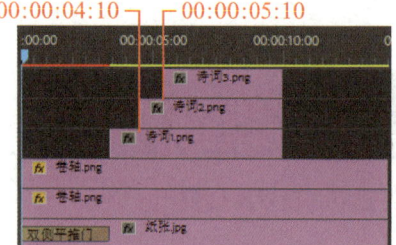 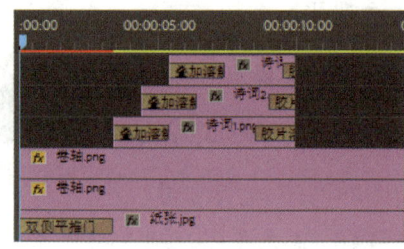

图 3-26 添加诗词素材后的"时间轴"面板效果　　图 3-27 应用视频过渡后的"时间轴"面板效果

步骤 9 将"诗词大会.png"素材拖至 V4 视频轨道中,使其接排"诗词 1.png"素材,并设置其持续时间为 4 秒。在"诗词大会.png""卷轴.png"(2 个)和"纸张.jpg"素材出点应用"溶解"分类下的"黑场过渡"视频过渡,并设置它们的持续时间均为 12 帧。将"音乐.mp3"素材拖至"时间轴"面板的 A1 音频轨道中,使其入点位于第 0 帧,并剪掉音频素材超出图像素材的部分,此时的"时间轴"面板效果如图 3-28 所示。

步骤 10 首先预览视频效果,然后参照图 3-29 中的参数设置(其他参数保持默认)导出视频,最后保存项目文件并关闭软件。

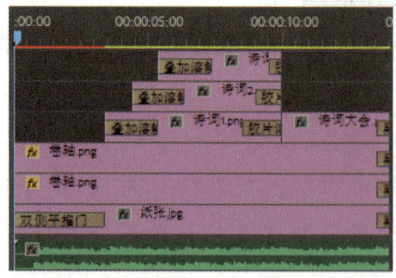 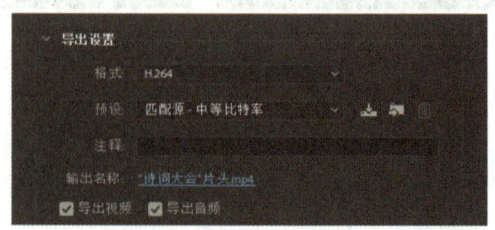

图 3-28 "时间轴"面板最终效果　　图 3-29 导出设置

项目实训

1. 实训内容

本实训利用前面所学知识制作新年倒计时视频，效果如图 3-30 所示。视频最终效果可参考本书配套素材"素材与实例"/"项目三"/"项目实训"文件夹中的"新年倒计时视频.mp4"文件。

图 3-30　新年倒计时视频截图

2. 操作提示

（1）启动 Premiere Pro，新建一个名为"新年倒计时视频"的项目。

（2）导入本书配套素材"素材与实例"/"项目三"/"项目实训"文件夹中的素材文件。

（3）参照图 3-31，首先将"背景 1.jpg"素材拖至"时间轴"面板中，并设置其持续时间为 10 秒；然后依次将"10.png"～"1.png"素材拖至"时间轴"面板的 V2 视频轨道中，并设置它们的持续时间均为 1 秒。

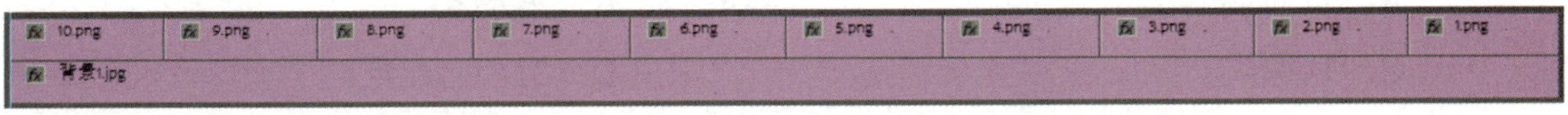

图 3-31　添加素材后的"时间轴"面板效果

（4）参照图 3-32，在刚才添加的 10 张数字图像素材之间应用持续时间为 20 帧，对齐方式为"中心切入"的"缩放"分类下的"交叉缩放"视频过渡。

图 3-32　应用"交叉缩放"视频过渡后的"时间轴"面板效果

（5）将"背景 2.jpg"素材拖至"时间轴"面板的 V1 视频轨道中，使其接排"背景 1.jpg"素材，并设置其持续时间为 3 秒。将"新年好 .png"素材拖至"时间轴"面板的 V2 视频轨道中，使其接排"1.png"素材，并设置其持续时间为 3 秒。

（6）在"新年好 .png"和"背景 2.jpg"素材入点分别应用持续时间为 15 帧的"溶解"分类下的"白场过渡"视频过渡。

（7）参照图 3-33，将"音乐 .mp3"素材拖至"时间轴"面板的 A1 音频轨道中，并剪掉音频素材超出图像素材的部分。

图 3-33　添加音频素材后的"时间轴"面板效果

（8）首先预览视频效果，然后导出格式为 MP4 的视频，最后保存项目文件并关闭软件。

项目考核

1. 选择题

（1）在 Premiere Pro 中，可利用（　　）面板管理视频过渡。
　　A．"效果"　　　　　　　　　　　　B．"时间轴"
　　C．"项目"　　　　　　　　　　　　D．"节目"

（2）在 Premiere Pro 中，（　　）视频过渡通过模仿立方体旋转或纸张翻转，给观众营造从二维到三维的立体视觉效果。
　　A．页面剥落类　　　　　　　　　　B．滑动类
　　C．划像类　　　　　　　　　　　　D．3D 运动类

（3）在 Premiere Pro 中，缩放类视频过渡只有一个，就是（　　）视频过渡。
　　A．"双侧平推门"　　　　　　　　　B．"带状擦除"
　　C．"交叉缩放"　　　　　　　　　　D．"油漆飞溅"

（4）在 Premiere Pro 中利用"效果控件"面板，通常可设置视频过渡的（　　）。

  A．开始和结束的位置　　　　　　　　B．持续时间

  C．对齐方式　　　　　　　　　　　　D．以上均可

（5）在 Premiere Pro 中，以下操作无法删除视频过渡的是（　　）。

  A．选中要删除的视频过渡并按"Delete"键

  B．直接将当前素材上的视频过渡拖至其他素材上

  C．调整两个素材之间的出点或入点位置，使它们之间出现空隙

  D．右击要删除的视频过渡并在弹出的快捷菜单中选择"清除"选项

2．操作题

利用本书配套素材"素材与实例"/"项目三"/"项目考核"文件夹中的素材制作如图 3-34 所示的产品宣传短片。

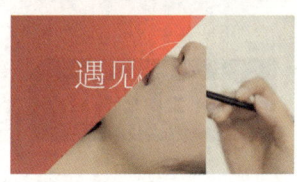

图 3-34　产品宣传短片截图

提示：

（1）启动 Premiere Pro，新建一个名为"产品宣传短片"的项目。

（2）导入本书配套素材"素材与实例"/"项目三"/"项目考核"文件夹中的素材文件。

（3）参照图 3-35，将所有图像素材拖至"时间轴"面板中（位于 V1 和 V2 视频轨道），并设置它们的持续时间均为 3 秒；将"音乐.wav"素材拖至"时间轴"面板的 A1 音频轨道中，并剪掉音频素材超出图像素材的部分。

（4）在"1.jpg"素材入点应用"溶解"分类下的"黑场过渡"视频过渡；

在"1.jpg"素材与"2.jpg"素材之间应用"3D 运动"分类下的"翻转"视频过渡，并设置其反向运动；

在"2.jpg"素材与"3.jpg"素材之间应用"擦除"分类下的"双侧平推门"视频过渡；

在"3.jpg"素材与"4.jpg"素材之间应用"划像"分类下的"菱形划像"视频过渡；

在"4.jpg"素材与"5.jpg"素材之间,以及"6.png"素材入点应用"滑动"分类下的"推"视频过渡,并设置"6.png"素材入点处的视频过渡的持续时间为13帧;

在"5.jpg"素材与"7.jpg"素材之间,以及"6.png"素材与"8.png"素材之间应用"缩放"分类下的"交叉缩放"视频过渡;

在"9.jpg"素材入点应用"页面剥落"分类下的"翻页"视频过渡;

在"9.jpg"素材与"10.jpg"素材之间应用"溶解"分类下的"叠加溶解"视频过渡;

在"10.jpg"素材出点应用"溶解"分类下的"黑场过渡"视频过渡。此时的"时间轴"面板效果如图3-35所示。

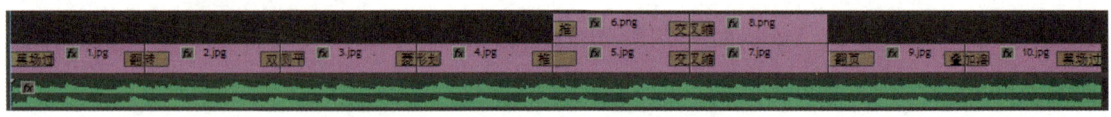

图3-35 "时间轴"面板最终效果

(5)首先预览视频效果,然后导出格式为MP4的视频。

(6)保存项目文件并关闭软件。

完成所有学习任务之后,请按照以下要求完成项目评价。

全班同学每5人一组,各组成员结合课前、课中和课后的学习情况,以及项目实训和项目考核的完成情况,按照表3-1中的评价标准对本项目的学习效果进行自评和互评(小组组内成员互相打分),并请教师进行总体评价。

表3-1 学习效果评价表

评价项目	评价内容	分值	评价分数		
			自评	互评	师评
知识(50%)	视频过渡的概念与作用	5分			
	管理视频过渡的方法	10分			
	应用视频过渡的方法	10分			
	不同类型视频过渡的特点	5分			
	设置视频过渡的方法	10分			
	替换、删除与复制视频过渡的方法	10分			

表 3-1（续）

评价项目	评价内容	分值	评价分数		
			自评	互评	师评
技能（30%）	根据实际需求灵活运用各种视频过渡制作视频作品	30 分			
素养（20%）	勤于思考，善于沟通、协作	5 分			
	按时、积极参加各项活动	5 分			
	高质量地完成课堂练习、课后作业	5 分			
	具备良好的学习态度	5 分			
合计		100 分			
总评	自评（20%）+ 互评（20%）+ 师评（60%）=	综合等级：	指导教师（签名）：		

注：综合等级可以"优"（总评得分≥90 分）、"良"（80 分≤总评得分＜90 分）、"中"（60 分≤总评得分＜80 分）、"差"（总评得分＜60 分）为标准进行评价。

项目四

视频效果

项目导读

在编辑视频时,为素材添加视频效果,不仅可以弥补画面缺陷,还可以增强视频作品的观赏性,使视频内容更加引人入胜。Premiere Pro 提供了多种不同类型的视频效果,用户可根据实际需求灵活应用这些视频效果,并对视频效果进行自定义设置。本项目将介绍应用和编辑视频效果的方法。

学习目标

知识目标
- 了解视频效果的概念与作用。
- 了解不同类型视频效果的特点。
- 掌握添加、设置、复制、删除与隐藏视频效果的方法。
- 掌握保存预设视频效果的方法。
- 掌握使用调整图层添加视频效果的方法。

能力目标
- 能够根据实际需求灵活运用各种视频效果制作视频作品。

素质目标
- 不断提升审美素养,激发创新创造潜能。
- 增强法律意识,培养遵章守纪、爱岗敬业的职业操守。

项目四　视频效果

任务一　了解、添加与编辑视频效果

任务描述

本任务首先介绍视频效果的概念、作用，不同类型视频效果的特点，以及添加、设置、复制、删除与隐藏视频效果的方法，然后利用这些知识制作汽车广告短片，效果如图4-1所示。

图4-1　汽车广告短片截图

一　了解视频效果

一般来说，视频效果是指在编辑视频时运用不同技术手段和艺术处理方法，提高视频质量和增强视频观感的一系列视觉效果。Premiere Pro 提供了丰富多样的视频效果，利用这些视频效果可以修复或优化视频、图像等素材，如校正颜色、裁剪多余部分；也可以抠取部分素材内容，如蓝幕抠像（从蓝色背景中抠取主体）；还可以在素材上快速产生各种特殊效果，如模糊效果（见图4-2）、发光效果。

图4-2　利用"高斯模糊"视频效果模糊素材

089

添加视频效果

在 Premiere Pro 中，所有视频效果都被放置在"效果"面板的"视频效果"文件夹中，如图 4-3 所示。要为素材添加视频效果，可将"效果"面板中的视频效果拖至"时间轴"面板中的素材上，如图 4-4 所示；也可先选中"时间轴"面板中的素材，再将视频效果拖至"效果控件"面板中或双击视频效果。一般来说，一个素材可以添加多个视频效果。添加的视频效果会显示在"效果控件"面板中，在其中拖动视频效果可以调整其排列顺序。

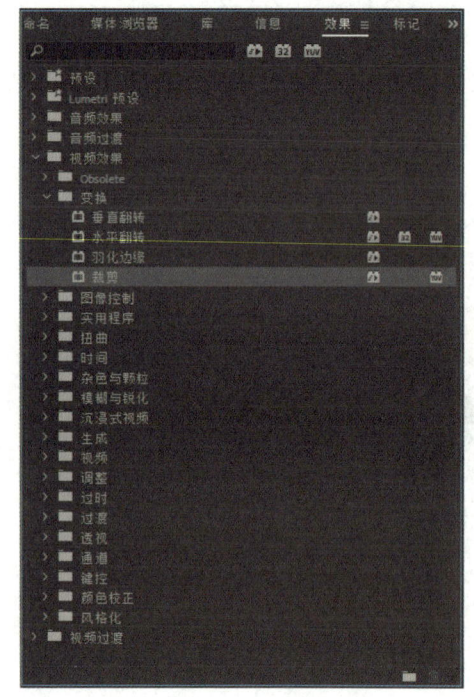

图 4-3 "视频效果"文件夹

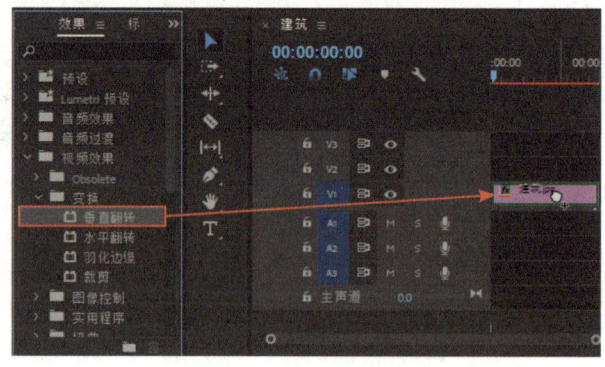

图 4-4 添加视频效果

知识库

在"效果"面板中管理视频效果的方法，与管理视频过渡类似。

"时间轴"面板中的素材上会显示不同颜色的视频效果图标。其中，灰色视频效果图标表示没有添加和修改任何视频效果；黄色视频效果图标表示只修改了"运动""不透明度"和"时间重映射"等固定视频效果的属性；紫色视频效果图标表示添加了视频效果，但没有修改固定视频效果的属性；绿色视频效果图标表示不仅添加了视频效果，还修改了固定视频效果的属性；带有红色下画线的视频效果图标表示在源素材上添加了视频效果。

要为源素材添加视频效果，可先在"项目"面板中双击素材，将素材载入"源"面板中，再将"效果"面板中的视频效果拖至"源"面板中。需要注意的是，若视频效果添加在源素材上，当在"时间轴"面板中选中该素材时，在"效果控件"面板中看不到添加的视频效果，此时需要先在"项目"面板中双击该素材，再切换到"效果控件"面板。

此外，添加视频效果后，也可利用关键帧使视频效果动起来。

下面介绍 Premiere Pro 中常用的视频效果类型及其特点。

（1）变换类视频效果包括垂直翻转、水平翻转、羽化边缘和裁剪4个视频效果，这类视频效果可以使素材画面的角度、形状等产生变化。例如，添加"水平翻转"视频效果后，素材画面会左右翻转，如图4-5所示。

图 4-5　添加"水平翻转"视频效果

（2）图像控制类视频效果包括灰度系数校正、颜色平衡（RGB）、颜色替换、颜色过滤和黑白5个视频效果，这类视频效果的主要作用是调整素材画面的色调。例如，添加"黑白"视频效果后，素材画面会由彩色变为黑白色，如图4-6所示。

图 4-6　添加"黑白"视频效果

（3）实用程序类视频效果只有一个，就是"Cineon 转换器"视频效果，添加该视频效果可以改变素材画面的黑场、白场、灰度系数和高光滤除等效果，如图4-7所示。"Cineon 转换器"视频效果常用于制作老电影效果。

（4）扭曲类视频效果包括位移、变形稳定器、变换、放大、旋转、果冻效应修复和波形变形等十几个视频效果，这类视频效果可以使素材画面产生多种不同的变形效果。例如，添加"波形变形"视频效果后，素材画面会产生水波效果，如图4-8所示。

图 4-7　添加 "Cineon 转换器" 视频效果

图 4-8　添加 "波形变形" 视频效果

（5）时间类视频效果包括抽帧时间和残影两个视频效果，这类视频效果主要通过模仿时间差值得到一些特殊效果。例如，添加 "残影" 视频效果后，素材画面会呈现出在一定时间内事物移动过快，导致人眼无法看清事物，从而产生残留影像的视觉效果，如图 4-9 所示。

图 4-9　添加 "残影" 视频效果

（6）杂色与颗粒类视频效果包括中间值、杂色、杂色 Alpha、杂色 HLS、杂色 HLS 自动和蒙尘与划痕 6 个视频效果，这类视频效果的主要作用是在素材画面中添加细小的杂点，增强画面的颗粒感。例如，添加 "杂色" 视频效果后，素材画面中会产生随机的像素杂点，如图 4-10 所示。

图 4-10　添加 "杂色" 视频效果

（7）模糊与锐化类视频效果包括复合模糊、方向模糊、相机模糊、通道模糊、钝化蒙版、锐化和高斯模糊7个视频效果，这类视频效果主要通过削弱或增强素材画面中相邻像素之间的对比，使画面变得更加模糊或清晰。例如，添加"方向模糊"视频效果后，素材画面会在指定方向上进行模糊，从而产生动态效果，如图4-11所示。

图4-11　添加"方向模糊"视频效果

（8）生成类视频效果包括书写、单元格图案、吸管填充、四色渐变、圆形和棋盘等十几个视频效果，这类视频效果主要用于生成一些特殊效果。例如，添加"棋盘"视频效果后，会在素材画面上生成一个棋盘图形，如图4-12所示。

 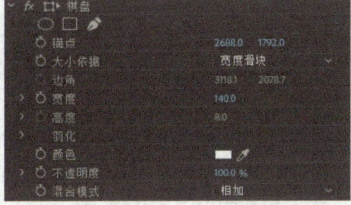 

图4-12　添加"棋盘"视频效果

（9）视频类视频效果包括SDR遵从情况、剪辑名称、时间码和简单文本4个视频效果，这类视频效果主要用于改变素材画面的亮度和对比度等属性，或者在素材画面中添加剪辑名称和时间码等。例如，添加"时间码"视频效果后，素材画面中将显示时间码信息，如图4-13所示。

 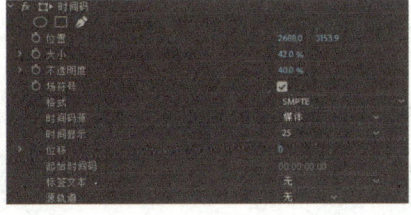 

图4-13　添加"时间码"视频效果

（10）调整类视频效果包括ProcAmp、光照效果、卷积内核、提取和色阶5个视频效果，这类视频效果主要用于调整素材画面的明暗度及光照情况。例如，添加"卷积内核"视频效果后，可通过设定对素材画面中每个像素的亮度值进行运算以改变素材画面的亮度，如图4-14所示。

图 4-14　添加"卷积内核"视频效果

（11）过时类视频效果包括 RGB 曲线、RGB 颜色校正器、三向颜色校正器和亮度曲线等十几个视频效果，这类视频效果主要用于调整素材画面的颜色。例如，添加"RGB 曲线"视频效果后，调整主要、红色、绿色和蓝色通道的曲线，可改变素材画面的颜色，如图 4-15 所示。

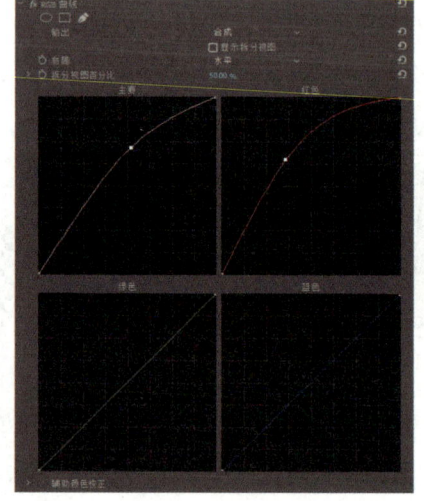

图 4-15　添加"RGB 曲线"视频效果

（12）透视类视频效果包括基本 3D、投影、放射阴影、斜角边和斜面 Alpha 5 个视频效果，这类视频效果主要通过改变素材画面的形状或为素材画面添加投影来产生三维立体效果。例如，添加"斜角边"视频效果后，会根据属性设置在素材画面的边缘添加斜角边框，从而产生立体效果，如图 4-16 所示。

图 4-16　添加"斜角边"视频效果

（13）通道类视频效果包括反转、复合运算、混合、算术、纯色合成、计算和设置遮罩 7 个视频效果，这类视频效果主要通过对素材画面中各种通道的颜色信息进行计算和调整以形成各种特殊效果。例如，添加"混合"视频效果后，会按一定的计算方式混合当前素材画面与指定轨道中的素材画面，如图 4-17 所示。

图 4-17　添加"混合"视频效果

（14）键控类视频效果包括 Alpha 调整、亮度键、图像遮罩键、差值遮罩、移除遮罩和颜色键等 9 个视频效果，这类视频效果主要利用素材中的色彩差或通过创建遮罩对素材进行抠像。例如，添加"颜色键"视频效果后，可将素材画面中指定颜色的区域变为透明，如图 4-18 所示。

图 4-18　添加"颜色键"视频效果

（15）颜色校正类视频效果包括 ASC CDL、Lumetri 颜色、亮度与对比度、分色、均衡和更改为颜色等十几个视频效果，这类视频效果主要用于对素材画面的颜色进行校正。例如，添加"更改为颜色"视频效果后，可改变素材画面的颜色，如图 4-19 所示。

 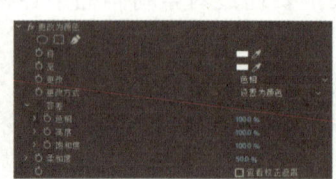 

图 4-19　添加"更改为颜色"视频效果

（16）风格化类视频效果包括 Alpha 发光、复制、彩色浮雕、抽帧、曝光过度和查找边缘等十几个视频效果，这类视频效果可以模拟各种美术风格，从而创造出独特的画面效果。例如，添加"查找边缘"视频效果后，素材画面中会产生被彩色铅笔勾画过的效果，如图 4-20 所示。

图 4-20　添加"查找边缘"视频效果

知识库

　　除上述视频效果类型外，还有 Obsolete、沉浸式视频、过渡 3 种视频效果类型。其中，Obsolete 类视频效果只包括快速模糊一个视频效果，该视频效果的作用和模糊与锐化类视频效果中的模糊类视频效果基本相同；沉浸式视频类视频效果包括 VR 分形杂色、VR 发光和 VR 平面到球面等十几个视频效果，这类视频效果可以使素材画面给人以沉浸式体验；过渡类视频效果包括块溶解、径向擦除、渐变擦除、百叶窗和线性擦除 5 个视频效果，这类视频效果的主要作用与视频过渡类似，此处不再赘述。

设置视频效果

　　为素材添加视频效果后，可以设置视频效果的各个属性，使视频效果更加生动、有吸引力，同时也为用户创作精彩的视频作品提供了更广阔的空间。设置视频效果，通常需利用"效果控件"面板，如图 4-21 所示。需要注意的是，添加的视频效果不同，"效果控件"面板中显示的属性也不同，但设置方法大同小异，操作也比较简单。

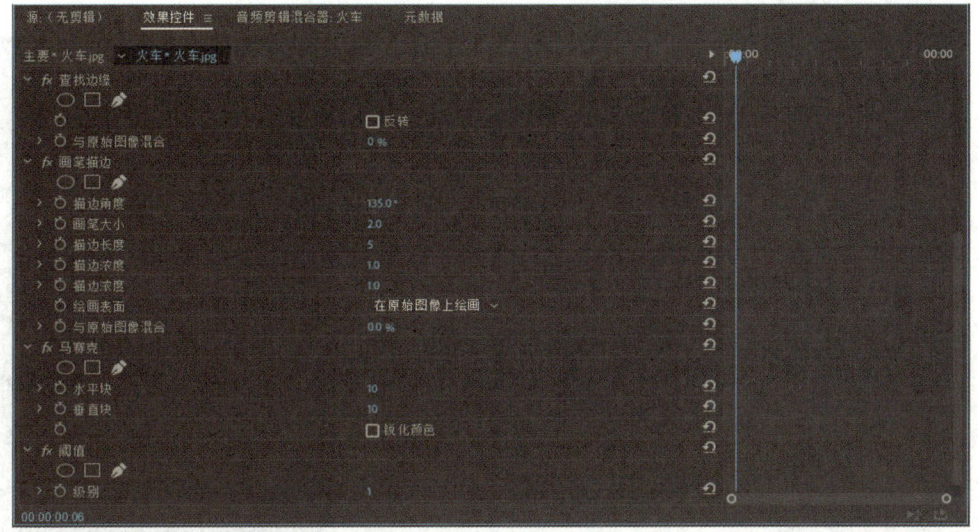

图 4-21 "效果控件"面板

四 复制、删除与隐藏视频效果

为素材添加视频效果后，还可以对其进行复制、删除与隐藏操作。

1. 复制视频效果

当多个素材需要使用同一个视频效果时，可通过复制操作快速实现。要复制视频效果，可采用以下两种方法。

（1）首先在"时间轴"面板中右击源视频效果所在素材，在弹出的快捷菜单中选择"复制"选项；然后右击目标素材，在弹出的快捷菜单中选择"粘贴属性"选项，在打开的"粘贴属性"对话框中选择要粘贴的视频效果后单击"确定"按钮。

（2）首先在"时间轴"面板中选中源视频效果所在素材，在"效果控件"面板中右击源视频效果并在弹出的快捷菜单中选择"复制"选项或按"Ctrl+C"组合键；然后选中目标素材，在"效果控件"面板中的空白处右击并在弹出的快捷菜单中选择"粘贴"选项或按"Ctrl+V"组合键，如图 4-22 所示。

2. 删除视频效果

当不再需要某个已添加的视频效果时，可将其删除。要删除视频效果，可采用以下两种方法。

（1）在"时间轴"面板中右击已添加视频效果的素材，在弹出的快捷菜单中选择"删除属性"选项，在打开的"删除属性"对话框（见图 4-23）中选择要删除的视频效果后单击"确定"按钮。

中文版 Premiere Pro 视频编辑案例精讲

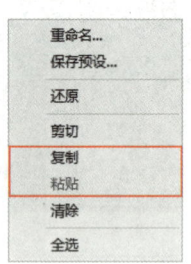

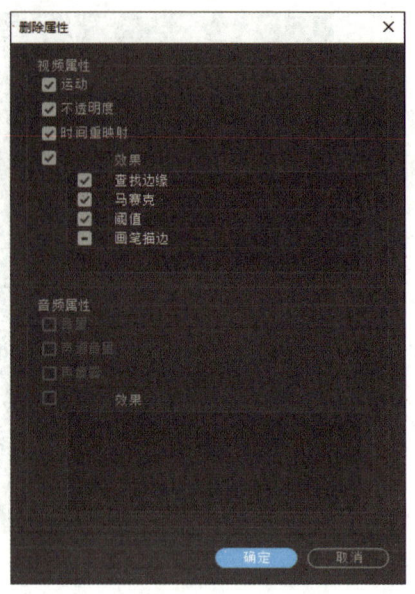

图 4-22 "效果控件"面板的右键快捷菜单　　　图 4-23 "删除属性"对话框

（2）首先在"时间轴"面板中选中已添加视频效果的素材；然后在"效果控件"面板中右击视频效果并在弹出的快捷菜单中选择"清除"选项，或者在选中视频效果后按"Delete"键（或按"Backspace"键）。

> 提 示
>
> 利用"编辑"菜单列表中的相应选项也可复制与删除视频效果。

3. 隐藏视频效果

要隐藏视频效果，可在"效果控件"面板中单击视频效果左侧的"切换效果开关"按钮，此时变为，如图 4-24 所示。要重新显示视频效果，可再次单击"切换效果开关"按钮。

图 4-24 隐藏视频效果

任务实施——制作汽车广告短片

本任务实施将使用 Premiere Pro 提供的视频效果制作汽车广告短片。案例最终效果可参考本书配套素材"素材与实例"/"项目四"/"任务一"文件夹中的"汽车广告短片.mp4"文件。

步骤 1 启动 Premiere Pro，新建一个名为"汽车广告短片"的项目。

制作汽车广告短片

步骤❷ 首先导入本书配套素材"素材与实例"/"项目四"/"任务一"文件夹中的素材文件；然后将"车.jpg"素材拖至"时间轴"面板中，并设置其持续时间为5秒。

步骤❸ 将"效果"面板"视频效果"文件夹中"扭曲"分类下的"镜像"视频效果拖至"车.jpg"素材上，并在"效果控件"面板中设置"镜像"视频效果的属性，如图4-25所示。

图4-25 为"车.jpg"素材添加"镜像"视频效果

步骤❹ 将"视频效果"文件夹中"生成"分类下的"镜头光晕"视频效果拖至"车.jpg"素材上，并在"效果控件"面板中设置"镜头光晕"视频效果的属性，如图4-26所示。

图4-26 为"车.jpg"素材添加"镜头光晕"视频效果

步骤❺ 首先将"水面.jpg"素材拖至"时间轴"面板的V2视频轨道中，使其入点位于第0帧，并设置其持续时间为5秒；然后在"效果控件"面板中设置其不透明度值为80%；接着将"变换"分类下的"裁剪"视频效果拖至"水面.jpg"素材上；最后在"效果控件"面板中设置"裁剪"视频效果的属性，如图4-27所示。

步骤❻ 首先将"字.png"素材拖至"时间轴"面板的V3视频轨道中，设置其持续时间为3秒，并使其出点与其他图像素材的出点对齐；然后将"杂色与颗粒"分类下的"杂色"视频效果拖至"字.png"素材上；最后在"效果控件"面板中设置"杂色"视频效果的属性，如图4-28所示。

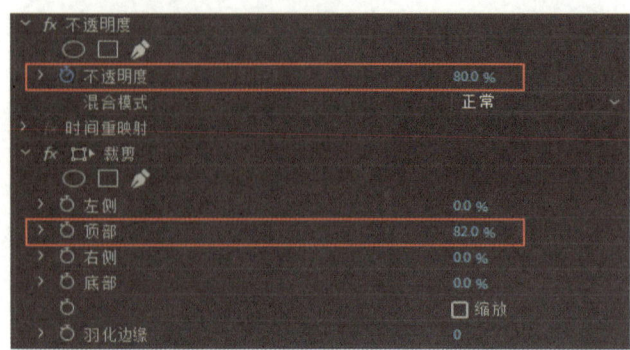 

图 4-27 为"水面.jpg"素材设置不透明度并添加"裁剪"视频效果

图 4-28 为"字.png"素材添加"杂色"视频效果

步骤 7 首先将"视频过渡"文件夹中"溶解"分类下的"叠加溶解"视频过渡拖至"字.png"素材入点；然后将"溶解"分类下的"黑场过渡"视频过渡分别拖至所有图像素材的出点并设置视频过渡的持续时间为 10 帧；接着将"音乐.mp3"素材拖至"时间轴"面板的 A1 音频轨道中，使其入点位于第 0 帧，并剪掉音频素材超出图像素材的部分，此时的"时间轴"面板效果如图 4-29 所示。

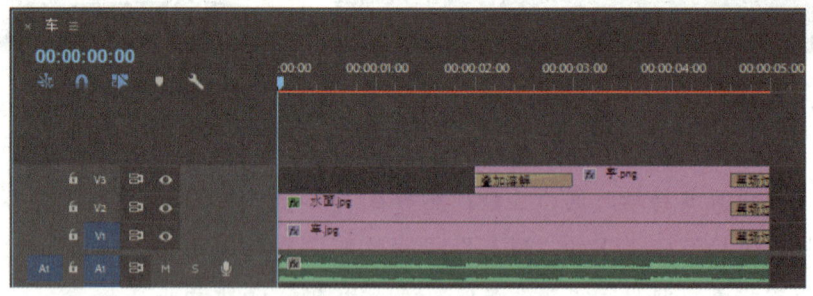

图 4-29 "时间轴"面板最终效果

步骤 8 首先预览视频效果，然后参照图 4-30 中的参数设置（其他参数保持默认）导出视频，最后保存项目文件并关闭软件。

项目四 视频效果

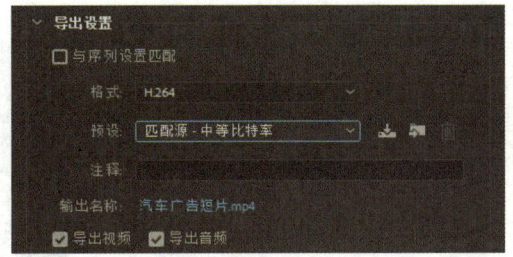

图 4-30 导出设置

拓展阅读

为了促进广告业健康发展，保护消费者合法权益，维护社会经济秩序，2015年9月1日，新版《中华人民共和国广告法》（以下简称"新广告法"）正式施行。此后，新广告法又分别于2018年和2021年对部分内容进行了修改。

新广告法明确要求，在广告中不得使用或者变相使用中华人民共和国的国旗、国歌、国徽，军旗、军歌、军徽；不得使用或者变相使用国家机关、国家机关工作人员的名义或者形象；不得使用"国家级""最高级""最佳"等用语；不得损害国家的尊严或者利益，泄露国家秘密；不得妨碍社会安定，损害社会公共利益；不得危害人身、财产安全，泄露个人隐私；不得妨碍社会公共秩序或者违背社会良好风尚；不得含有淫秽、色情、赌博、迷信、恐怖、暴力的内容；不得含有民族、种族、宗教、性别歧视的内容；不得妨碍环境、自然资源或者文化遗产保护。此外，新广告法还对广告代言人的选择、广告使用数据，以及一些特定行业的广告内容等做了明确要求。

用户在制作广告片时要严格遵守相关法律法规，积极传播社会主义核心价值观，倡导文明风尚。

任务二 掌握视频效果高级应用

任务描述

本任务首先介绍保存预设视频效果及使用调整图层添加视频效果的方法，然后利用这些知识制作动物集锦视频，效果如图 4-31 所示。

图 4-31 动物集锦视频截图

一 保存预设视频效果

Premiere Pro 支持用户将设置好属性的视频效果保存为预设效果，以便下次使用。要保存预设视频效果，可在"效果控件"面板中右击视频效果，在弹出的快捷菜单中选择"保存预设"选项，在打开的"保存预设"对话框（见图 4-32）中设置相关参数后单击"确定"按钮。此时可在"效果"面板的"预设"文件夹中找到新保存的预设视频效果。

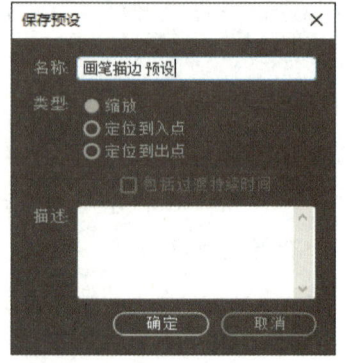

图 4-32 "保存预设"对话框

要删除预设视频效果，可首先在"效果"面板中选中预设视频效果后单击面板右下角的"删除自定义项目"按钮 或按"Delete"键，或者右击预设视频效果并在弹出的快捷菜单中选择"删除"选项；然后在打开的"删除项目"对话框中单击"确定"按钮。

二 使用调整图层添加视频效果

当多个素材需要使用同一个视频效果时，除了可以使用复制视频效果这个方法，还可以使用调整图层统一添加视频效果。在调整图层中添加视频效果后，其效果可作用于下方的所有素材，并且对其执行删除、隐藏等操作时也不会影响下方素材。使用调整图层添加视频效果的具体步骤如下。

（1）单击"项目"面板右下角的"新建项"按钮，在展开的列表中选择"调整图层"选项，在打开的"调整图层"对话框中设置相关参数后单击"确定"按钮（见图4-33），可在"项目"面板中新建调整图层。

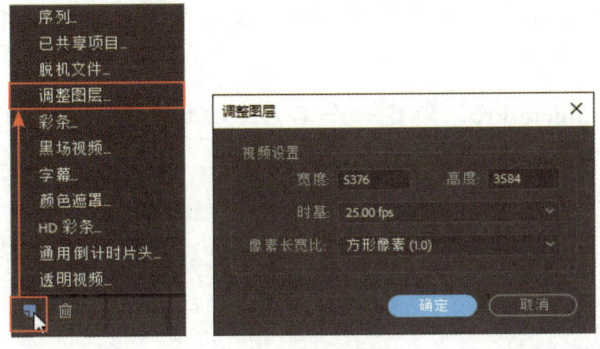

图4-33　新建调整图层

> **提示**
>
> "调整图层"对话框中的参数一般使用默认设置，这是因为该对话框中的参数是系统根据序列参数自动设置的。

（2）将调整图层拖至"时间轴"面板的视频轨道中（所有素材轨道的上方），并使其时长与所有素材的总时长相等，如图4-34所示。

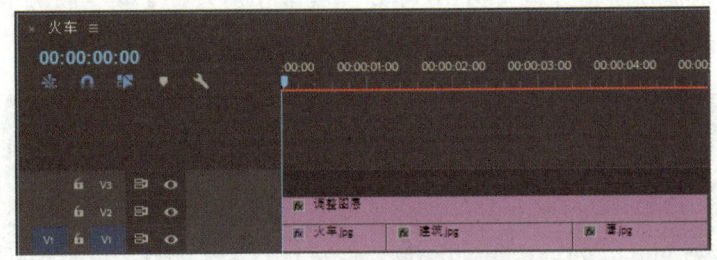

图4-34　"时间轴"面板效果

（3）将视频效果拖至"时间轴"面板中的调整图层上并设置相关属性（方法与设置素材上视频效果的方法相同）。

> **知识库**
>
> 调整图层虽然有"时间重映射"固定视频效果，但并不会产生实际效果，因此也不会影响其下方素材。此外，"时间轴"面板中调整图层的编辑方法与一般素材相同。

任务实施——制作动物集锦视频

本任务实施将通过保存和使用预设视频效果,以及使用调整图层添加视频效果来制作动物集锦视频。案例最终效果可参考本书配套素材"素材与实例"/"项目四"/"任务二"文件夹中的"动物集锦视频.mp4"文件。

制作动物集锦视频

步骤❶ 启动 Premiere Pro,新建一个名为"动物集锦视频"的项目。

步骤❷ 导入本书配套素材"素材与实例"/"项目四"/"任务二"文件夹中的素材文件,并在"项目"面板中以列表视图的方式显示素材文件。按数字编号顺序依次选中所有图像素材并将其拖至"时间轴"面板中,设置它们的持续时间均为 3 秒,此时的"时间轴"面板效果如图 4-35 所示。

图 4-35 添加图像素材后的"时间轴"面板效果

步骤❸ 首先将"效果"面板"视频效果"文件夹中"扭曲"分类下的"变换"视频效果拖至"1.jpg"素材上;然后在确保时间指针位于第 0 帧的同时,在"效果控件"面板中依次单击"变换"视频效果下"缩放"和"旋转"左侧的"切换动画"按钮,为"1.jpg"素材添加关键帧。

步骤❹ 首先将时间指针拖至第 10 帧处;然后分别为"变换"视频效果下的"缩放"和"旋转"属性添加一个关键帧并设置属性值,如图 4-36 所示。

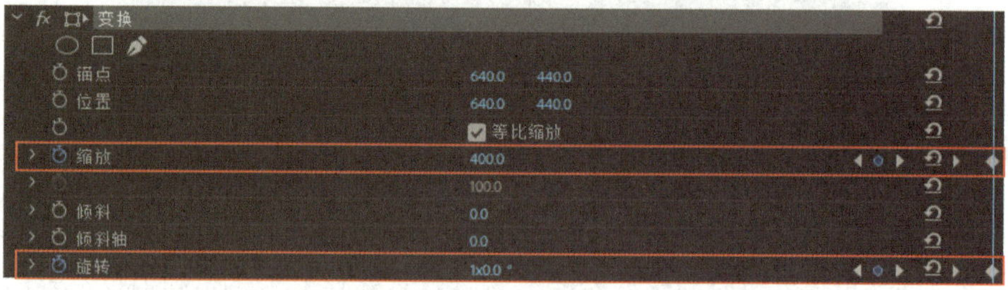

图 4-36 在第 10 帧处添加关键帧并设置属性值

> **提示**
>
> "1×0.0°"代表 360°,"2×0.0°"代表 720°,以此类推。

步骤❺ 首先将时间指针拖至第 20 帧处;然后采用上述方法添加关键帧并设置属性值,如图 4-37 所示。

项目四　视频效果

图 4-37　在第 20 帧处添加关键帧并设置属性值

步骤❻ 在"效果控件"面板中右击"变换"视频效果,在弹出的快捷菜单中选择"保存预设"选项,在打开的"保存预设"对话框中设置名称后单击"确定"按钮,保存预设视频效果,如图 4-38 所示。

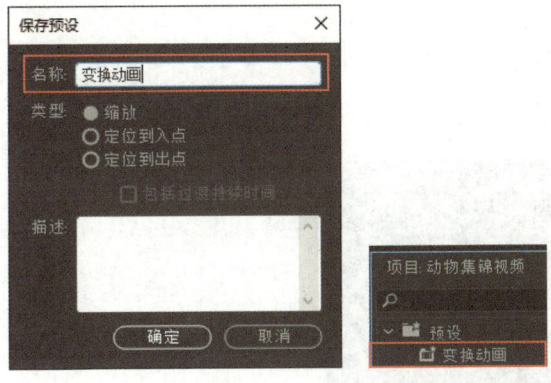

图 4-38　保存预设视频效果

步骤❼ 将"预设"分类下的"变换动画"视频效果(步骤 6 保存的预设视频效果)拖至除"1.jpg"素材外的其他图像素材上,为它们添加"变换动画"视频效果。

步骤❽ 单击"项目"面板右下角的"新建项"按钮,在展开的列表中选择"调整图层"选项,打开"调整图层"对话框,单击其中的"确定"按钮,新建一个调整图层,如图 4-39 所示。

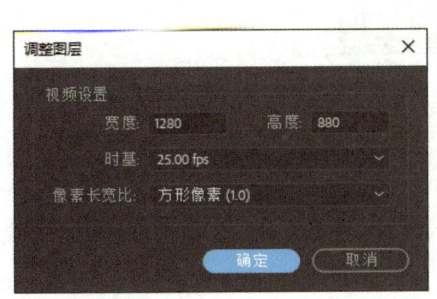
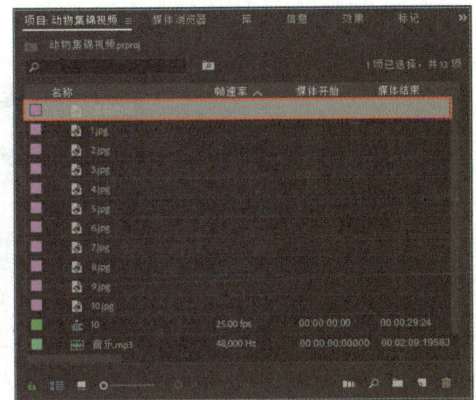

图 4-39　新建调整图层

105

步骤 ⑨ 将"项目"面板中的调整图层(步骤8新建的调整图层)拖至"时间轴"面板的V2视频轨道中,并使其时长与所有图像素材的总时长相等,此时的"时间轴"面板效果如图4-40所示。

图 4-40　添加调整图层后的"时间轴"面板效果

步骤 ⑩ 将"过时"分类下的"亮度曲线"视频效果拖至调整图层上;然后在"效果控件"面板中设置"亮度曲线"视频效果的属性,如图4-41所示。将"音乐.mp3"素材拖至"时间轴"面板的A1音频轨道中,使其入点位于第0帧,并剪掉音频素材超出图像素材的部分。

步骤 ⑪ 首先预览视频效果,然后参照图4-42中的参数设置(其他参数保持默认)导出视频,最后保存项目文件并关闭软件。

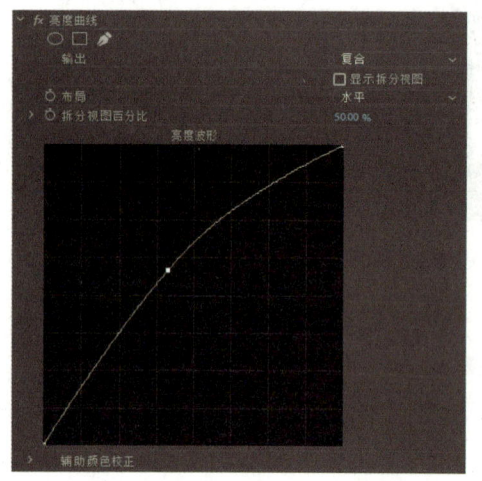

图 4-41　"亮度曲线"视频效果设置　　　　图 4-42　导出设置

项目实训

1. 实训内容

本实训利用前面所学知识制作美食 vlog,效果如图4-43所示。视频最终效果可参考本书配套素材"素材与实例"/"项目四"/"项目实训"文件夹中的"美食 vlog.mp4"文件。

项目四 视频效果

图 4-43 美食 vlog 截图

2. 操作提示

（1）启动 Premiere Pro，新建一个名为"美食 vlog"的项目。

（2）导入本书配套素材"素材与实例"/"项目四"/"项目实训"文件夹中的素材文件。

（3）首先将"1.jpg"素材拖至"时间轴"面板中，并设置其持续时间为 3 秒；然后将"效果"面板"视频效果"文件夹中"模糊与锐化"分类下的"方向模糊"视频效果拖至"1.jpg"素材上；接着通过"效果控件"面板依次在"1.jpg"素材的第 2 秒和第 3 秒处为"方向模糊"视频效果下的"模糊长度"属性添加关键帧，并设置第 3 秒处关键帧的属性值为 80.0。

（4）首先将"字.png"素材拖至"时间轴"面板的 V2 视频轨道中，使其入点位于第 0 帧，并设置其持续时间为 3 秒；然后将"1.jpg"素材上的"方向模糊"视频效果复制到"字.png"素材上，此时不同时间对应的画面效果如图 4-44 所示。

00:00:02:00

00:00:02:12

图 4-44 不同时间对应的画面效果

107

（5）首先依次将"2.jpg""3.jpg"和"4.jpg"素材拖至"时间轴"面板的V1、V2和V3视频轨道中，使它们的入点与"1.jpg"素材的出点对齐，并设置它们的持续时间均为3秒；然后在"效果控件"面板中设置"4.jpg"和"3.jpg"素材的"位置"和"缩放"属性；接着将"变换"分类下的"裁剪"视频效果拖至"2.jpg"素材上，在"效果控件"面板中设置"裁剪"视频效果的属性，并设置"2.jpg"素材的位置值，如图4-45所示。

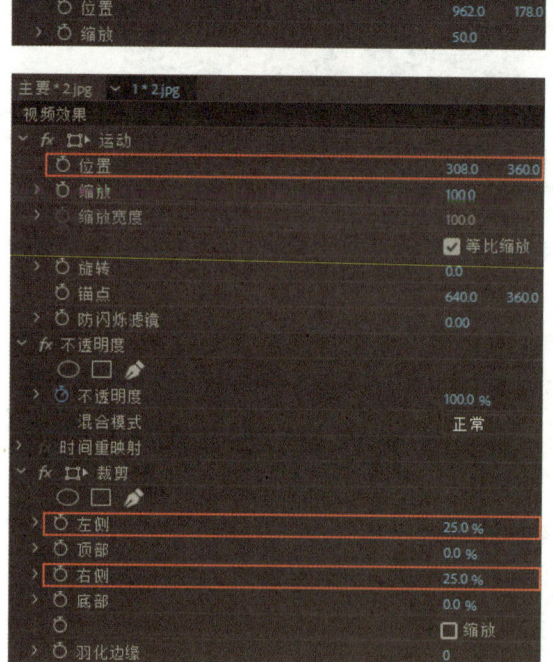

图4-45　处理"2.jpg""3.jpg"和"4.jpg"素材

（6）参照（5）添加并处理"5.jpg""6.jpg"和"7.jpg"素材。用户可以分别复制"2.jpg""3.jpg"和"4.jpg"素材的属性并粘贴至"5.jpg""6.jpg"和"7.jpg"素材上，也可以参照（5）逐一处理"5.jpg""6.jpg"和"7.jpg"素材。

（7）首先依次将"8.jpg""9.jpg"和"10.jpg"素材拖至"时间轴"面板的V1、V2和V3视频轨道中，使它们的入点与"5.jpg"素材的出点对齐，并设置它们的持续时间均为3秒；然后将"过渡"分类下的"径向擦除"视频效果拖至"10.jpg"素材上，并在"效果控件"面板中设置"径向擦除"视频效果的属性；接着采用同样的方法为"9.jpg"素材添加"径向擦除"视频效果并设置相应属性，如图4-46所示。

（8）参照图4-47，为图像素材应用视频过渡（用户也可以根据需要自行选择视频过渡，并设置视频过渡的持续时间）。

"10.jpg"素材的"径向擦除"视频效果设置　　　　"9.jpg"素材的"径向擦除"视频效果设置

图 4-46 "10.jpg"和"9.jpg"素材的视频效果设置

图 4-47 为图像素材应用视频过渡

（9）首先新建一个调整图层（参数保持默认即可），将其拖至"时间轴"面板的 V3 视频轨道上方（此时自动生成 V4 视频轨道），并使其时长与所有图像素材的总时长相等；然后将"颜色校正"分类下的"亮度与对比度"视频效果拖至调整图层上，并在"效果控件"面板中设置"亮度与对比度"视频效果的属性，如图 4-48 所示。

图 4-48 "亮度与对比度"视频效果设置

（10）将"音乐.mp3"素材拖至"时间轴"面板的 A1 音频轨道中，使其入点位于第 0 帧，并剪掉音频素材超出图像素材的部分。

（11）首先预览视频效果，然后导出格式为 MP4 的视频，最后保存项目文件并关闭软件。

项目考核

1. 选择题

（1）在 Premiere Pro 中，以下视频效果不属于"键控"分类的是（　　）。

　　A．移除遮罩　　　　　　　　　　B．Alpha 调整

　　C．图像遮罩键　　　　　　　　　D．色彩平衡

（2）在 Premiere Pro 中，"马赛克"视频效果属于（　　）分类。
　　A．通道　　　　　　　　　　　　B．风格化
　　C．透视　　　　　　　　　　　　D．变换

（3）在 Premiere Pro 中，（　　）主要用于对素材画面的颜色进行校正。
　　A．变换类视频效果　　　　　　　B．时间类视频效果
　　C．扭曲类视频效果　　　　　　　D．颜色校正类视频效果

（4）在 Premiere Pro 中，（　　）能够利用素材中的色彩差或通过创建遮罩对素材进行抠像。
　　A．生成类视频效果　　　　　　　B．通道类视频效果
　　C．键控类视频效果　　　　　　　D．视频类视频效果

（5）在 Premiere Pro 中，可使用（　　）面板设置视频效果的属性。
　　A．"效果控件"　　　　　　　　　B．"时间轴"
　　C．"项目"　　　　　　　　　　　D．"节目"

2. 操作题

利用本书配套素材"素材与实例"/"项目四"/"项目考核"文件夹中的素材制作如图 4-49 所示的马赛克效果。

图 4-49　马赛克效果截图

提示：

（1）启动 Premiere Pro，新建一个名为"马赛克效果"的项目。

（2）导入本书配套素材"素材与实例"/"项目四"/"项目考核"文件夹中的"素材 .mp4"文件。

（3）将"素材 .mp4"素材拖至"时间轴"面板中。

（4）首先将"素材 .mp4"素材复制一份到 V2 视频轨道中；然后依次将"效果"面板"视频效果"文件夹中"变换"分类下的"裁剪"视频效果和"风格化"分类下的"马赛克"视频效果拖至复制得到的"素材 .mp4"素材上；接着在"效果控件"面板中参照图 4-50 设置"裁剪"和"马赛克"视频效果的属性。

（5）首先新建一个调整图层，并将其拖至"时间轴"面板的 V3 视频轨道中，使其时

长与视频素材的时长相等；然后为其添加"过时"分类下的"亮度校正器"视频效果；接着在"效果控件"面板中参照图 4-51 设置"亮度校正器"视频效果的属性。

图 4-50 "裁剪"和"马赛克"视频效果设置

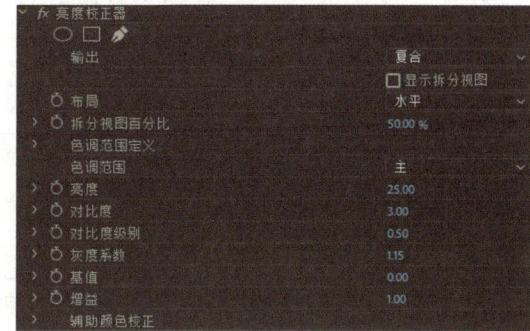

图 4-51 "亮度校正器"视频效果设置

（6）首先预览视频效果，然后导出格式为 MP4 的视频。

（7）保存项目文件并关闭软件。

项目评价

完成所有学习任务之后，请按照以下要求完成项目评价。

全班同学每 5 人一组，各组成员结合课前、课中和课后的学习情况，以及项目实训和项目考核的完成情况，按照表 4-1 中的评价标准对本项目的学习效果进行自评和互评（小组组内成员互相打分），并请教师进行总体评价。

表 4-1 学习效果评价表

评价项目	评价内容	分值	评价分数		
			自评	互评	师评
知识（50%）	视频效果的概念与作用	5 分			
	添加视频效果的方法	5 分			
	不同类型视频效果的特点	5 分			
	设置、复制、删除与隐藏视频效果的方法	10 分			
	保存预设视频效果的方法	10 分			
	使用调整图层添加视频效果的方法	15 分			
技能（30%）	根据实际需求灵活运用各种视频效果制作视频作品	30 分			

表 4-1（续）

评价项目	评价内容	分值	评价分数		
			自评	互评	师评
素养 （20%）	勤于思考，善于沟通、协作	5 分			
	按时、积极参加各项活动	5 分			
	高质量地完成课堂练习、课后作业	5 分			
	具备良好的学习态度	5 分			
合计		100 分			
总评	自评（20%）+ 互评（20%）+ 师评（60%）=	综合等级：	指导教师（签名）：		

注：综合等级可以"优"（总评得分≥90 分）、"良"（80 分≤总评得分＜90 分）、"中"（60 分≤总评得分＜80 分）、"差"（总评得分＜60 分）为标准进行评价。

项目五

字幕制作与图形绘制

项目导读

字幕是指以文字形式显示在视频作品中的非影像内容,包括对白、节目解说词、歌词,以及片头片尾的标题和工作人员表等,具有提示与说明内容、修饰画面等作用。图形是指在平面内通过轮廓勾勒出的形状,如圆形、矩形等,通常用于丰富画面,增强表现力和视觉吸引力。

Premiere Pro 提供了强大的字幕制作与图形绘制功能,让用户可以快速创建各种静态及动态字幕,并为字幕设计漂亮的外观;可以轻松绘制各种图形,并对图形进行自定义设置。此外,Premiere Pro 还支持字幕与图形结合使用,让用户通过精心设计和布局,有效提升画面的整体效果和视觉冲击力。本项目将介绍制作字幕与绘制图形的方法。

学习目标

知识目标
- ▶ 掌握文字工具的使用方法。
- ▶ 掌握字幕的制作方法。
- ▶ 掌握图形绘制工具的使用方法。
- ▶ 掌握图形的绘制方法。
- ▶ 掌握将字幕与图形结合使用的方法。

能力目标
- ▶ 能够根据实际需求灵活运用字幕与图形丰富视频作品。

素质目标
- ▶ 培养严谨细致的工作习惯,提高工作质量和效率。
- ▶ 激发创新思维,提升设计水平,打造独具魅力的视频作品。

中文版 Premiere Pro 视频编辑案例精讲

任务一　制作字幕

任务描述

本任务首先介绍制作字幕的方法，然后利用这些知识制作音乐节字幕，效果如图 5-1 所示。

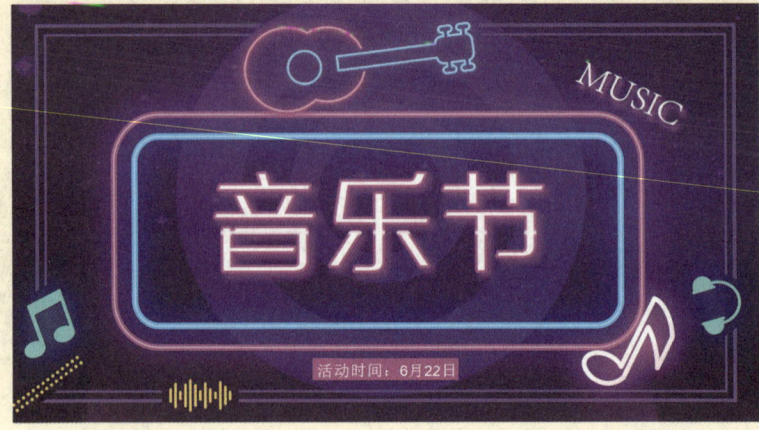

图 5-1　音乐节字幕截图

一　使用"旧版标题"命令制作字幕

使用"旧版标题"命令可以创建各种字幕，并对创建的字幕进行各种设置。下面介绍使用"旧版标题"命令制作字幕的方法。

首先选择"文件"/"新建"/"旧版标题"选项，打开"新建字幕"对话框（见图 5-2），在其中设置相关参数（默认情况下，字幕设置会自动匹配当前序列，因此用户通常只设置字幕名称即可），单击"确定"按钮；然后打开"字幕"窗口（见图 5-3），在其中创建字幕并设置字幕属性；最后单击窗口右上角的"关闭"按钮，关闭窗口的同时完成字幕制作，此时"项目"面板中会显示制作的字幕。

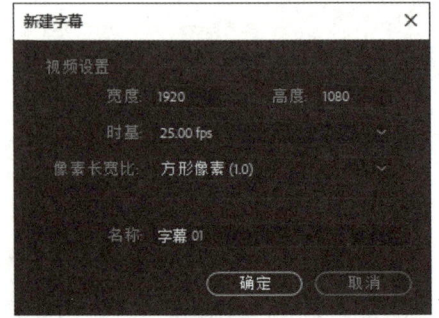

图 5-2　"新建字幕"对话框

项目五　字幕制作与图形绘制

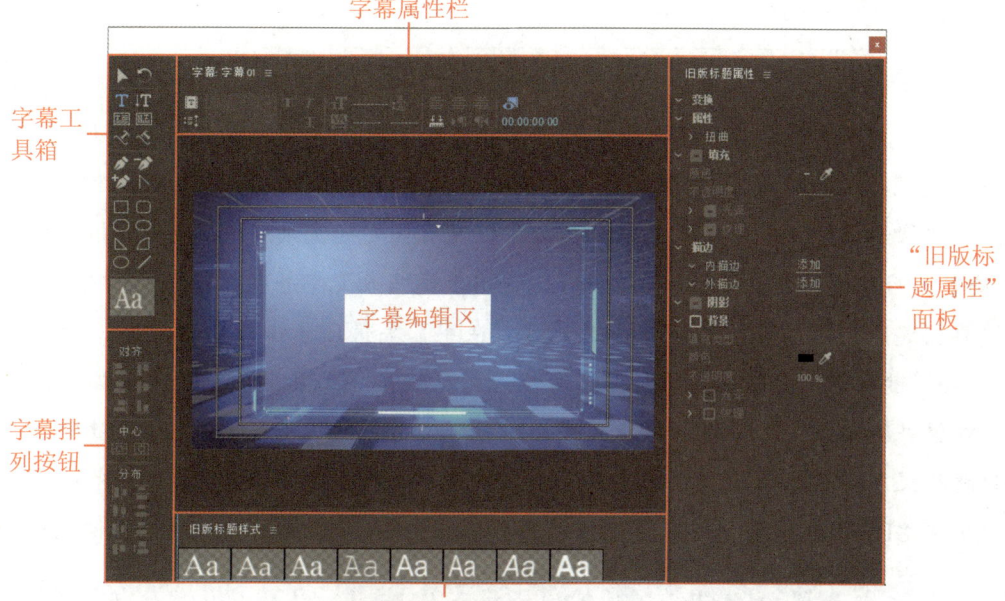

图 5-3　"字幕"窗口

下面对"字幕"窗口的组成部分进行介绍。

（1）**字幕属性栏**：用于设置字幕的字体、大小、间距、行距，以及更改字幕类型（如静止、滚动、游动）等。

> **提示**
>
> 选中字幕后，单击字体列表框将其激活，此时滚动鼠标滚轮或按上下方向键，可以快速切换字幕的字体。

（2）**字幕编辑区**：用于创建和编辑字幕的区域。

（3）**字幕工具箱**：提供创建字幕、绘制图形等所用的工具。其中，"文字工具"和"垂直文字工具"分别用于创建水平方向和垂直方向的点文字；"区域文字工具"和"垂直区域文字工具"分别用于创建水平方向和垂直方向的段落文字；"路径文字工具"和"垂直路径文字工具"分别用于创建与自定义路径平行和垂直的路径文字（沿着路径排列的文字），如图 5-4 所示。

 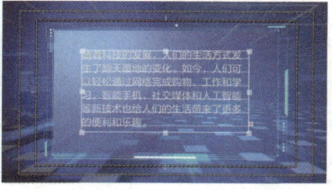 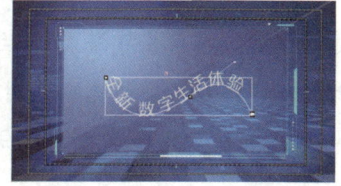

图 5-4　点文字、段落文字和路径文字

115

知识库

　　点文字和段落文字是两种不同类型的文本布局和格式化方式。其中，点文字是一种基于点的文本类型，其文字排版从指定的点开始扩展，不会自动换行（或换列），除非手动换行（或换列），适用于标题等字数较少的情形；段落文字是基于段落进行排版的，可以容纳多行（或多列）文字，其文字框具有固定的宽度（或高度），超出此宽度（或高度）后文字会自动换行（或换列），适用于说明性文字等字数较多的情形。

　　要创建点文字，可在选择文字工具后，在字幕编辑区单击并输入文字，输入完毕按"Esc"键确认；要创建段落文字，可在选择区域文字工具后，先在字幕编辑区按住鼠标左键并拖动绘制文字框，再在文字框中输入文字，输入完毕按"Esc"键确认；要创建路径文字，可在选择路径文字工具后，先在字幕编辑区绘制路径（见图5-5），绘制完毕按"Esc"键结束，再在路径上单击并输入文字，输入完毕按"Esc"键确认。

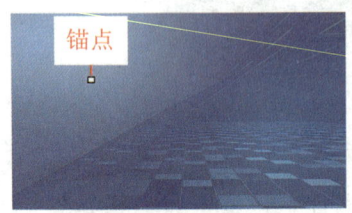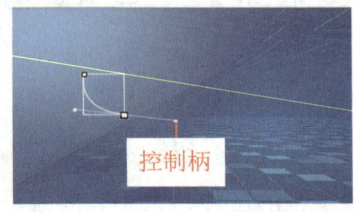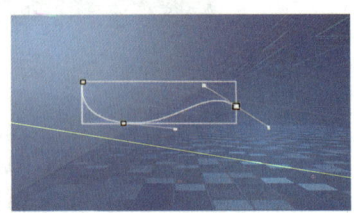

　　首先单击创建第一个锚点（此锚点为角点），然后将鼠标指针移至另一位置，按住鼠标左键并拖动，创建第二个锚点（此锚点为平滑点，带有控制柄），依次类推，直至绘制完整个路径（按"Esc"键结束绘制）。绘制路径时，用户可根据实际情况使用角点或平滑点。此外，对于不满意的路径，用户可先将鼠标指针移至锚点或控制柄上，当鼠标指针呈▶或▶时拖动锚点或控制柄，以调整路径

图 5-5　绘制路径

　　输入文字时，按"Enter"键可换行，按"Backspace"键或"Delete"键可删除插入点左侧或右侧的文字，按住鼠标左键并拖动可选择鼠标指针滑过的文字。文字输入完毕按"Esc"键（或使用"选择工具"▶单击选中文字），文字四周会出现控制框。此时，可利用控制框对文字进行缩放、旋转等操作，按"Delete"键可删除全部文字，双击文字可进入文字编辑状态。

　　此外，要创建滚动字幕，可先选中已创建的字幕，再单击字幕属性栏中的▤按钮，在打开的"滚动/游动选项"对话框（见图5-6）中设置相关参数后单击"确定"按钮。

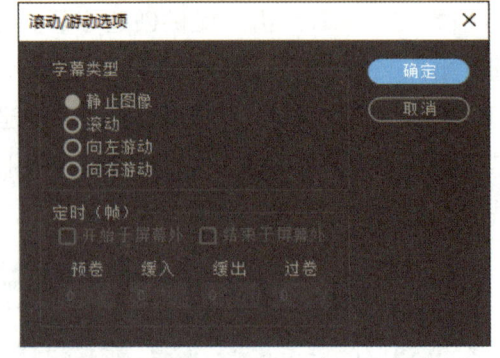

图 5-6　"滚动/游动选项"对话框

（4）**字幕排列按钮**：用于快速排列和对齐字幕编辑区中的对象。

（5）**"旧版标题样式"面板**：存放着各种预设的字幕样式，利用这些样式可以快速改变字幕的外观。

> **提示**
>
> 设置好的字幕样式可以保存到"旧版标题样式"面板中，方便下次使用。要创建字幕样式，可在选中设置好样式的字幕后，右击"旧版标题样式"面板空白处，在弹出的快捷菜单中选择"新建样式"选项，在打开的"新建样式"对话框中设置样式名称，最后单击"确定"按钮，如图5-7所示。
>
> 对于不需要的字幕样式，可以将其删除。要删除字幕样式，可右击样式，在弹出的快捷菜单中选择"删除样式"选项，并在弹出的提示框中单击"确定"按钮，如图5-8所示。
>
>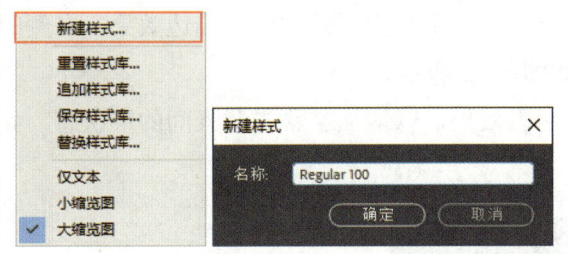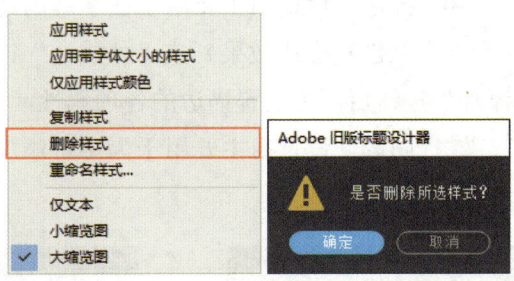
>
> 图 5-7　创建字幕样式　　　　　　图 5-8　删除字幕样式
>
> 利用"旧版标题样式"面板的右键快捷菜单中的选项或"旧版标题样式"面板名称右侧≡按钮中的选项，还可以对字幕样式进行更多操作。
>
> 此外，为字幕应用预设样式后，还可以在"旧版标题属性"面板中调整字幕的各项属性，以得到新的字幕效果。

（6）**"旧版标题属性"面板**：包含所有与字幕属性相关的设置项，利用这些设置项可以对字幕的不透明度、位置、大小、行距、间距、颜色等进行设置，还可以为字幕添加阴影和描边等效果，从而使字幕更加美观。"旧版标题属性"面板分为多个设置组，下面对常用设置组进行介绍。

①"变换"设置组主要用于设置所选字幕的不透明度、位置、宽度、高度和角度等属性，如图5-9所示。

②"属性"设置组主要用于设置所选字幕的字体、字形、字号、行距、间距等属性，如图5-10所示。

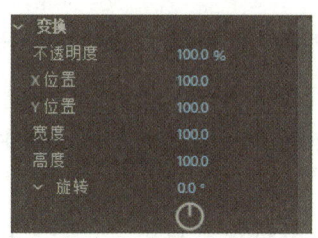

图 5-9 "变换"设置组

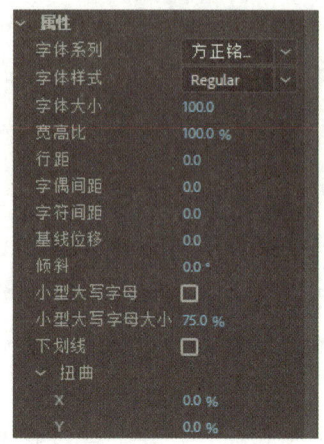

图 5-10 "属性"设置组

③ "填充"设置组主要用于设置字幕的填充类型、颜色等属性，如图 5-11 所示。

④ "描边"设置组主要用于在字幕的边缘添加轮廓线。单击"内描边"设置项（用于在字幕内侧创建描边效果）或"外描边"设置项（用于在字幕外侧创建描边效果）右侧的"添加"按钮后，可设置描边的各项属性，如图 5-12 所示。

⑤ "阴影"设置组主要用于为字幕添加阴影效果，以增加字幕与背景间的层次感，如图 5-13 所示。

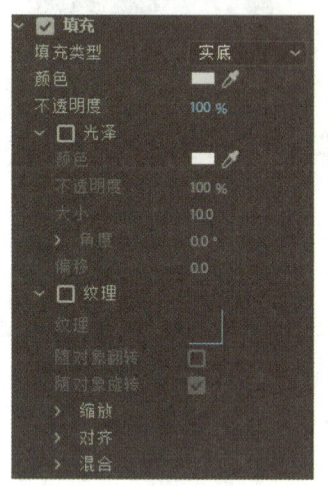

图 5-11 "填充"设置组

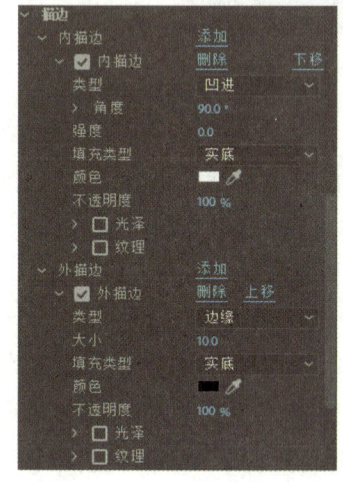

图 5-12 "描边"设置组

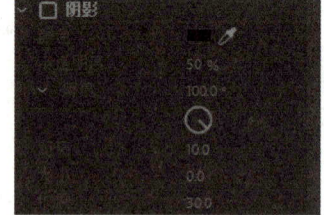

图 5-13 "阴影"设置组

> **提示**
>
> 字幕属性栏中的部分设置项与"旧版标题属性"面板中的设置项作用相同。此外，要修改之前制作的字幕，可双击"项目"面板或"时间轴"面板中的字幕素材，打开"字幕"窗口，在其中完成修改后关闭窗口。

项目五　字幕制作与图形绘制

二 使用"字幕"命令和"字幕"面板制作字幕

使用"字幕"面板可以批量制作字幕，既省时又省力。下面介绍使用"字幕"命令和"字幕"面板制作字幕的方法。

首先选择"文件"/"新建"/"字幕"选项，打开"新建字幕"对话框（见图5-14），在其中设置相关参数（一般会在"标准"列表中选择"开放式字幕"选项，其他参数保持默认）后单击"确定"按钮，"项目"面板中会显示创建的字幕；然后双击"项目"面板中创建的字幕或选择"窗口"/"字幕"选项，打开"字幕"面板（见图5-15），在其中添加字幕并设置字幕属性。

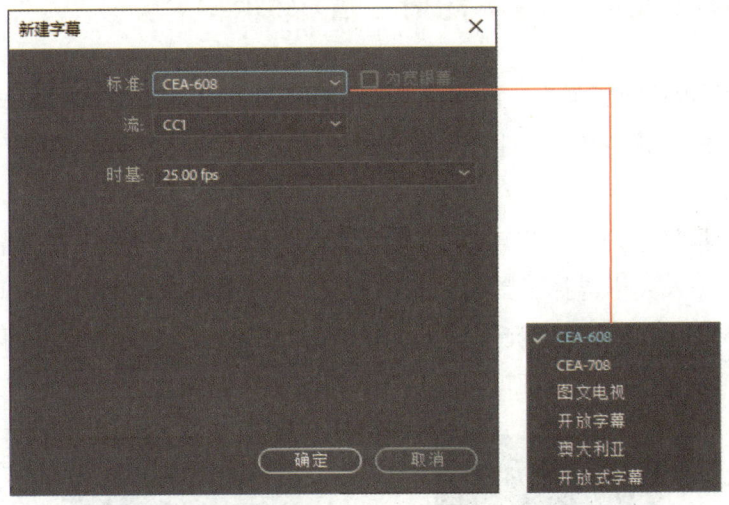

图5-14　"新建字幕"对话框

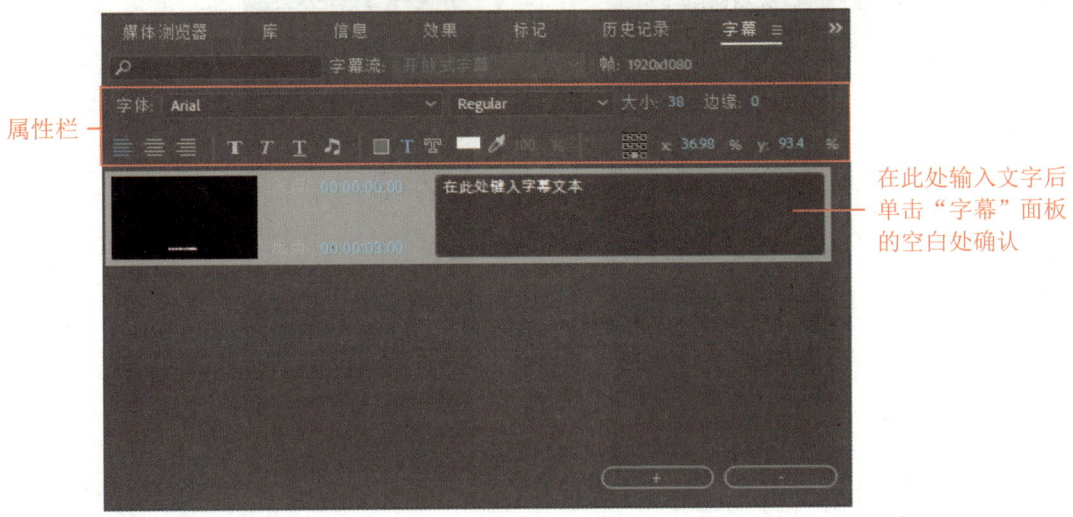

图5-15　"字幕"面板

119

> **提示**
>
> 将"项目"面板中的字幕(使用"字幕"命令创建的字幕)拖至"时间轴"面板中并双击,也可打开"字幕"面板。此外,在"字幕"面板中输入文字时按"Esc"键可取消输入,按"Enter"键可换行。

"字幕"面板属性栏中的部分设置项与"字幕"窗口"旧版标题属性"面板中的设置项作用相同,此处不再赘述。此外,单击"字幕"面板右下角的"添加字幕"按钮可添加新的字幕,单击"删除字幕"按钮可删除所选字幕。

三、使用文字工具和"基本图形"面板制作字幕

"基本图形"面板功能强大,既可以直接利用其中的模板制作预设样式的字幕,又可以根据需要自定义字幕文字的属性。下面介绍使用文字工具和"基本图形"面板制作字幕的方法。

首先选择工具箱中的"文字工具"或"垂直文字工具",在"节目"面板中单击并输入文字,输入完毕选择工具箱中的"选择工具"确认,此时"时间轴"面板中自动添加创建的字幕(以时间指针所处位置为入点);然后在"基本图形"面板(见图5-16,选择"窗口"/"基本图形"选项可将其打开)中设置字幕属性。

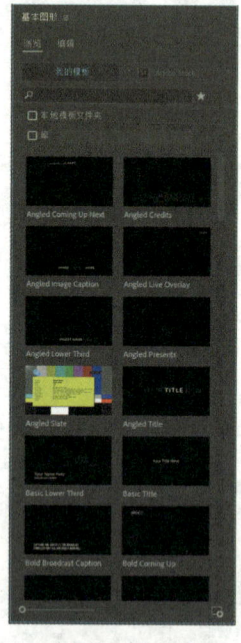
"浏览"选项卡

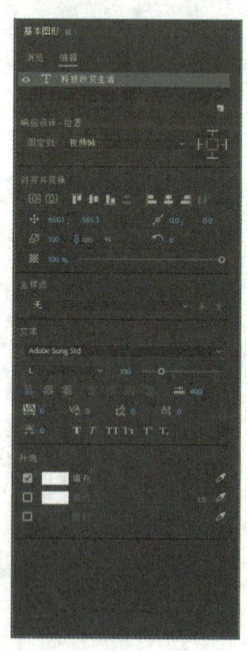
"编辑"选项卡

图5-16 "基本图形"面板

项目五 字幕制作与图形绘制

"基本图形"面板"编辑"选项卡中的部分设置项与"字幕"窗口"旧版标题属性"面板中的设置项作用相同,此处不再赘述。用户可以通过将"浏览"选项卡中的模板拖至"时间轴"面板中并在"节目"面板中修改其中文字(参考在"字幕"窗口中修改文字的方法),来快速制作带有特定样式的字幕。

知识库

使用工具箱中的文字工具创建文字时,单击并输入添加的是点文字;先按住鼠标左键并拖动绘制文字框,再输入添加的是段落文字。创建文字后,也可以使用"效果控件"面板"文本"视频效果下的设置项设置字幕属性。此外,用户也可以为字幕添加视频效果,制作关键帧动画,使字幕效果更加丰富。

怎么设计字幕才能使其更好看呢?扫一扫,了解字幕设计技巧吧。

字幕设计技巧

任务实施——制作音乐节字幕

本任务实施将使用 Premiere Pro 提供的字幕制作功能制作音乐节字幕。案例最终效果可参考本书配套素材"素材与实例"/"项目五"/"任务一"文件夹中的"音乐节字幕.mp4"文件。

制作音乐节字幕

步骤❶ 启动 Premiere Pro,新建一个名为"音乐节字幕"的项目。

步骤❷ 首先导入本书配套素材"素材与实例"/"项目五"/"任务一"文件夹中的"背景.jpg"素材;然后将其拖至"时间轴"面板中,并设置其持续时间为 5 秒。

步骤❸ 首先选择"文件"/"新建"/"旧版标题"选项,打开"新建字幕"对话框,在其中设置字幕名称为"音乐节"(其他参数保持默认)后单击"确定"按钮;然后在打开的"字幕"窗口中选择"文字工具" ,在字幕编辑区单击并输入文字"音乐节"后按"Esc"键确认;接着在"旧版标题属性"面板中设置"音乐节"文字属性,如图 5-17 所示;最后单击窗口右上角的"关闭"按钮 。

步骤❹ 将"项目"面板中的"音乐节"字幕拖至"时间轴"面板的 V2 视频轨道中,使其入点位于第 0 帧,并设置其持续时间为 5 秒。

步骤❺ 首先选择"文件"/"新建"/"字幕"选项,打开"新建字幕"对话框,在"标准"列表中选择"开放式字幕"选项(其他参数保持默认),单击"确定"按钮;然后在"项目"面板中双击创建的字幕打开"字幕"面板,在其中输入文字"活动时间:6 月 22 日",并设置其属性;最后将"项目"面板中刚刚制作的字幕拖至"时间轴"面板的 V3 视频轨道中,如图 5-18 所示。

图 5-17 制作"音乐节"字幕

图 5-18 制作"活动时间:6月22日"字幕

步骤 6 确保时间指针位于第 0 帧,首先选择工具箱中的"文字工具",在"节目"面板中单击并输入文字"MUSIC"后,选择工具箱中的"选择工具"确认;然后在"基本图形"面板中设置"MUSIC"文字属性,如图 5-19 所示。

步骤 7 参照步骤 3 制作"放肆玩"字幕。需要注意的是,在"字幕"窗口中,首先选择"垂直路径文字工具"并在合适位置绘制路径;然后按"Esc"键,在路径上单击并输入文字;最后设置文字属性,如图 5-20 所示。

步骤 8 将"项目"面板中的"放肆玩"字幕拖至"时间轴"面板的 V4 视频轨道上方(自动生成 V5 视频轨道),使其入点位于第 0 帧,并设置其持续时间为 5 秒。

步骤 9 为"时间轴"面板中所有素材的入点和出点都添加"效果"面板"视频过渡"文件夹中"溶解"分类下的"黑场过渡"视频过渡,参数保持默认即可。

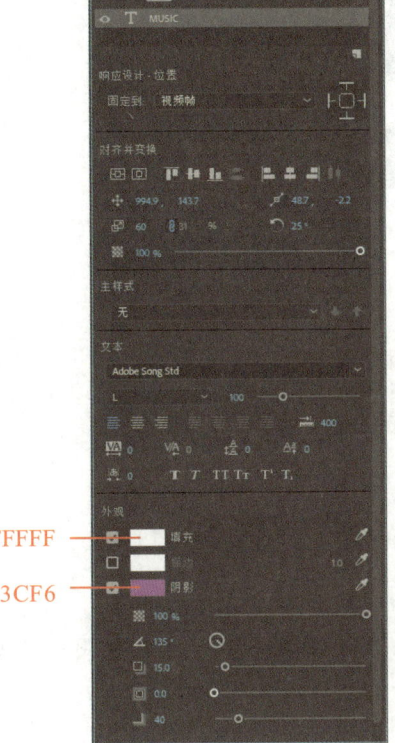

图 5-19 制作"MUSIC"字幕

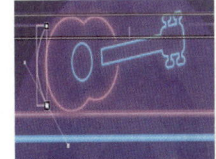

图 5-20 制作"放肆玩"字幕

步骤 10 首先预览视频效果,然后参照图 5-21 中的参数设置(其他参数保持默认)导出视频,最后保存项目文件并关闭软件。

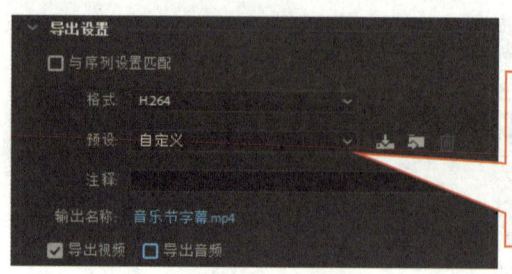

图 5-21　导出设置

任务二　绘制图形

任务描述

本任务首先介绍绘制图形及将字幕与图形结合使用的方法，然后利用这些知识制作播放进度条效果，如图 5-22 所示。

图 5-22　播放进度条效果截图

一　使用"旧版标题"命令绘制图形

利用"字幕"窗口字幕工具箱中的图形绘制工具（见图 5-23）可以绘制各种图形，并且可以利用"旧版标题样式"面板为图形应用预设样式，利用"旧版标题属性"面板设置图形属性，从而美化图形。

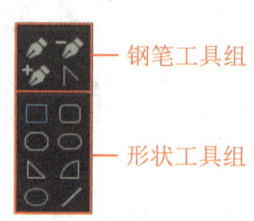

图 5-23　图形绘制工具

（1）**钢笔工具组**：主要用于绘制和编辑不规则图形，如月牙形、曲线等。利用"钢笔工具"  绘制与编辑图形的方法与利用

124

路径文字工具绘制与编辑路径的方法基本相同，只是利用"钢笔工具"绘制图形时，在第一个锚点上单击（确保字幕编辑区至少有两个锚点）可形成闭合图形。此外，利用"删除锚点工具"可删除锚点（单击锚点即可）；利用"添加锚点工具"可添加锚点（单击路径即可）；利用"转换锚点工具"可使锚点在角点和平滑点之间转换（单击平滑点可将其转换为角点，拖动角点可将其转换为平滑点）。

（2）**形状工具组**：主要用于绘制规则图形，如矩形、椭圆、直线等。这些工具的使用方法很简单，选择工具后，在字幕编辑区按住鼠标左键并拖动即可绘制出相应的图形。若在绘制时按住"Shift"键，可绘制正方形、圆形、等腰直角三角形等图形。

> **提 示**
>
> 使用形状工具绘制的图形不能直接用钢笔工具调整外形，需要先将它们转换为曲线图形。转换方法为，选中图形，在"旧版标题属性"面板"属性"设置组的"图形类型"列表中选择"××贝塞尔曲线"选项。

二 使用图形绘制工具和"基本图形"面板绘制图形

Premiere Pro 的工具箱中也有图形绘制工具，使用它们可以绘制各种图形，并且可以使用"基本图形"面板设置图形属性。使用图形绘制工具和"基本图形"面板绘制图形的方法为，首先选择工具箱中的"钢笔工具"、"矩形工具"或"椭圆工具"，在"节目"面板中绘制图形（参考在"字幕"窗口中使用图形绘制工具绘制图形的方法）；然后在"基本图形"面板中设置图形属性（参考设置字幕属性的方法）。

> **提 示**
>
> 绘制图形后，用户也可以使用"效果控件"面板"形状"视频效果下的设置项设置图形属性。此外，用户还可以为图形添加视频效果，制作关键帧动画。

三 将字幕与图形结合使用

"基本图形"面板中可以包含多个字幕和图形图层，用户可以利用"基本图形"面板将字幕与图形结合使用。例如，先用"矩形工具"绘制一个长方形，再用"文字工具"创建一段文字，"基本图形"面板中会出现两个图层，如图 5-24 所示。需要注意的是，图层有上下层级，上层图层中的内容会遮挡下层图层中的内容。

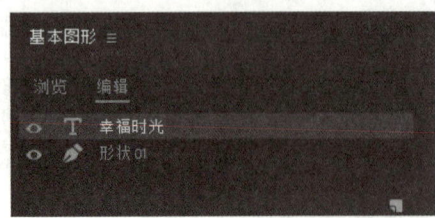 

图 5-24　将字幕与图形结合使用

> **提 示**
>
> 　　一般来说，使用工具箱中的文字工具和图形绘制工具创建字幕和图形时，若"时间轴"面板中没有选中素材或所选素材不是使用工具箱中的工具创建的字幕或图形，就会新建素材文件；若"时间轴"面板中所选素材是使用工具箱中的工具创建的字幕或图形，就会将创建的对象和所选素材存放在同一素材文件中。使用"效果控件"面板调整素材的位置、缩放等属性时，位于同一素材文件中的字幕和图形会同时改变，如图 5-25 所示。

图 5-25　调整素材属性

　　"基本图形"面板中的图层相对独立，因此用户可以单独设置某个图层中对象的属性。具体方法为，在"基本图形"面板的"编辑"选项卡下先单击图层将其选中，再利用图层下方的设置项设置图层中对象的属性。此外，用户还可以上下拖动图层以更改图层的顺序。

> **知识库**
>
> 　　"基本图形"面板"编辑"选项卡下的"响应设计 - 位置"设置项，用于将当前所选图层固定到另一个图层（称为父图层）上，固定后，若父图层移动，当前所选图层也会随之移动。
> 　　例如，首先选中"幸福时光"图层；然后在"固定到："列表中选择"形状 01"图层使其作为父图层；接着单击"选择父图层的哪些边将用于固定"按钮，设置移动父图层时当前所选图层随之移动的参考边，此时"幸福时光"图层中对象的位置将随着"形状 01"图层中对象的位置变化而改变，如图 5-26 所示。

项目五 字幕制作与图形绘制

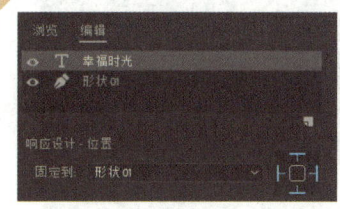  

图 5-26　开启"响应设计 - 位置"设置

需要注意的是，使用"选择父图层的哪些边将用于固定"按钮设置参考边时，可选顶部、底部、左侧、右侧和四周 5 个位置，单击按钮的上、下、左或右边线可固定顶部、底部、左侧或右侧位置，单击按钮的中央可固定四周位置。如果没有激活"选择父图层的哪些边将用于固定"按钮，系统会将"固定到："设置项自动还原成"视频帧"选项，此时相当于没有开启"响应设计 - 位置"设置。

任务实施——制作播放进度条效果

本任务实施将使用 Premiere Pro 提供的图形绘制功能制作播放进度条效果。案例最终效果可参考本书配套素材"素材与实例"/"项目五"/"任务二"文件夹中的"播放进度条效果.mp4"文件。

制作播放进度条效果

步骤 1　启动 Premiere Pro，新建一个名为"播放进度条效果"的项目。

步骤 2　导入本书配套素材"素材与实例"/"项目五"/"任务二"文件夹中的素材文件。

步骤 3　首先将"背景.jpg"素材拖至"时间轴"面板中，并设置其持续时间为 5 秒；然后将"头像.png"素材拖至"时间轴"面板的 V2 视频轨道中，使其入点位于第 0 帧，并设置其持续时间为 5 秒。

步骤 4　首先选择"文件"/"新建"/"旧版标题"选项，打开"新建字幕"对话框，在其中设置字幕名称为"进度条"（其他参数保持默认）后单击"确定"按钮；然后在打开的"字幕"窗口中选择"直线工具"，在字幕编辑区绘制一条横线；接着在"旧版标题属性"面板中设置横线属性，如图 5-27 所示；最后单击窗口右上角的"关闭"按钮。

步骤 5　将"项目"面板中的"进度条"字幕拖至"时间轴"面板的 V3 视频轨道中，使其入点位于第 0 帧，并设置其持续时间为 5 秒，"效果控件"面板中的位置值为 960.0、600.0。

图 5-27 绘制横线

步骤❻ 确保时间指针位于第 0 帧,首先选择工具箱中的"椭圆工具" ,在"节目"面板中的合适位置绘制一个椭圆;然后在"基本图形"面板中设置椭圆属性,如图 5-28 所示(绘制椭圆后先使用"选择工具" 拖动椭圆四周的控制点调整其大小,使其形状接近正圆,再拖动椭圆使其圆心位于横线上);最后设置该素材的位置值为 960.0、600.0。

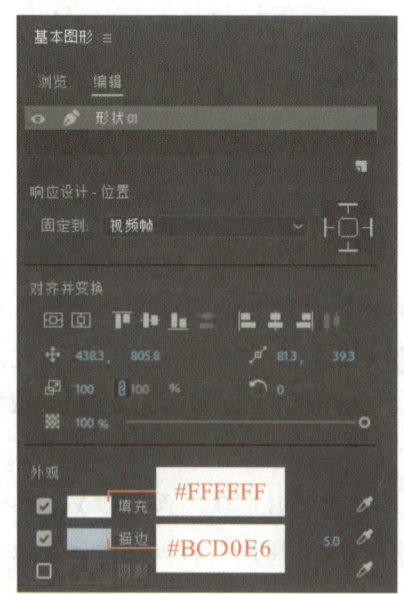

图 5-28 制作进度条

项目五 字幕制作与图形绘制

步骤❼ 首先参照步骤4制作字幕"熊猫之声",如图5-29所示;然后将其拖至"时间轴"面板的V4视频轨道上方(自动生成V5视频轨道),使其入点位于第0帧,并设置其持续时间为5秒,位置值为960.0、582.6。

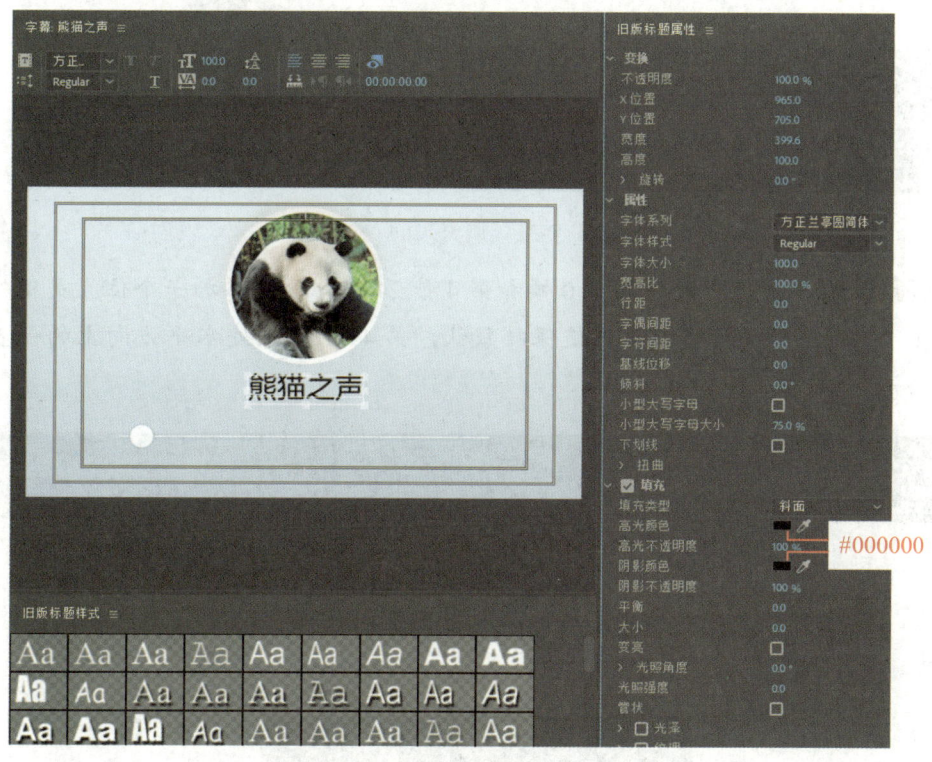

图5-29 制作"熊猫之声"字幕

步骤❽ 首先新建一个调整图层并将其拖至"时间轴"面板的V5视频轨道上方(自动生成V6视频轨道);然后将"效果"面板"视频效果"文件夹中"视频"分类下的"时间码"视频效果拖至调整图层上,并在"效果控件"面板中设置"时间码"视频效果的属性,如图5-30所示。

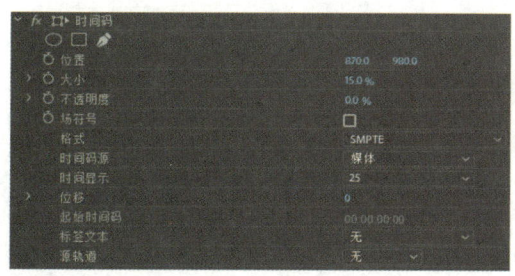 

图5-30 添加"时间码"视频效果

步骤❾ 单击"效果控件"面板中"时间码"视频效果下的"创建4点多边形蒙版"按钮■,此时"节目"面板中显示调整框,将鼠标指针移至调整框内,按住鼠标左键并拖动调整其位置,使时间码只显示秒和帧。在"效果控件"面板中设置蒙版羽化值为0.0,如图5-31所示。

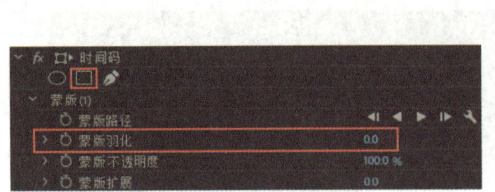

图5-31　调整时间码

步骤 10 在"图形"素材的第0帧和第4秒24帧处分别添加一个位置关键帧并设置属性值。其中,第0帧处的属性值保持默认,第4秒24帧处水平方向上的位置值如图5-32所示。

图5-32　"图形"素材第4秒24帧处的属性设置

步骤 11 首先预览视频效果,然后参照图5-33中的参数设置(其他参数保持默认)导出视频,最后保存项目文件并关闭软件。

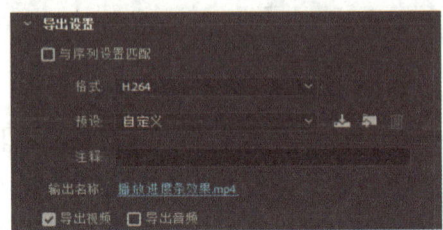

图5-33　导出设置

1. 实训内容

本实训利用前面所学知识制作影片片尾,效果如图5-34所示。视频最终效果可参考本书配套素材"素材与实例"/"项目五"/"项目实训"文件夹中的"影片片尾.mp4"文件。

  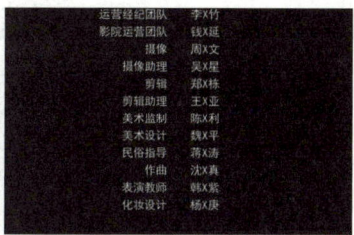

图 5-34　影片片尾截图

2. 操作提示

（1）启动 Premiere Pro，新建一个名为"影片片尾"的项目，并新建一个预设为"HDV 720p25"的序列。

（2）使用工具箱中的"矩形工具"■绘制一个矩形，并参照图 5-35 在"基本图形"面板中设置矩形属性（此处的参数设置仅供参考，读者可根据实际情况进行灵活调整，下同）。

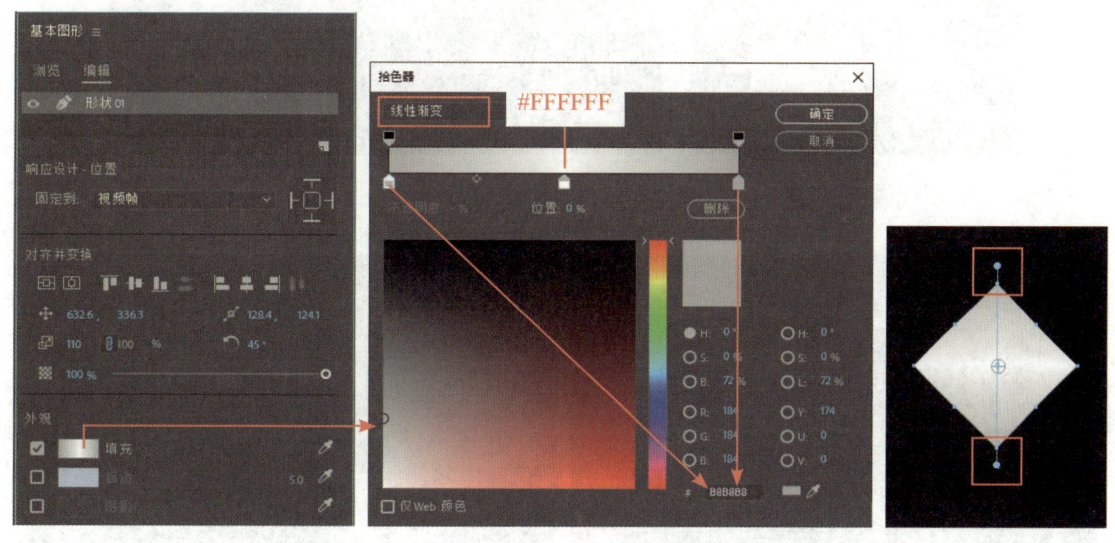

图 5-35　绘制矩形

（3）使用工具箱中的"文字工具"■创建"星辰影业"文字和"XINGCHEN YINGYE"文字，并参照图 5-36 在"基本图形"面板中设置文字属性。

（4）首先利用"旧版标题"命令新建名为"滚动字幕"（其他参数保持默认）的字幕；然后参照图 5-37，利用"字幕"窗口中的"文字工具"■和"旧版标题属性"面板制作字幕，并参照图 5-38 设置滚动字幕效果。需要注意的是，可使用"选择工具"■辅助调整两列文字的位置和文字框高度，使每一行的两项内容水平对齐。

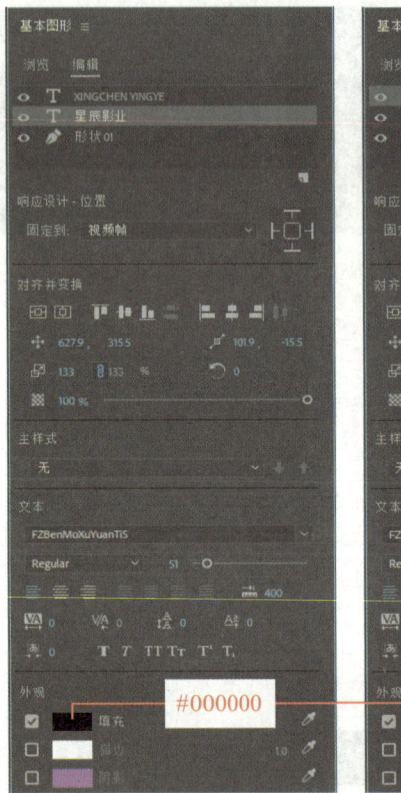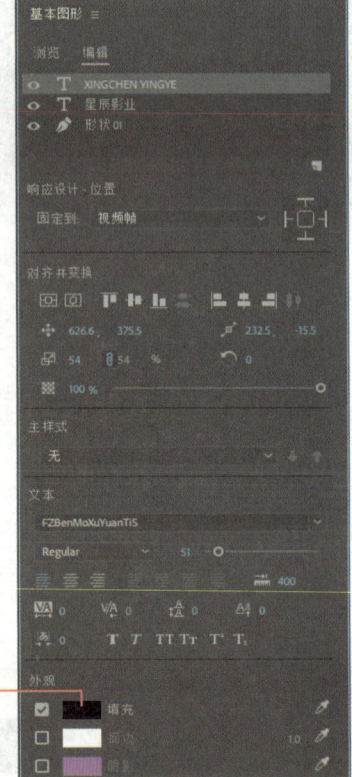

图 5-36　制作字幕

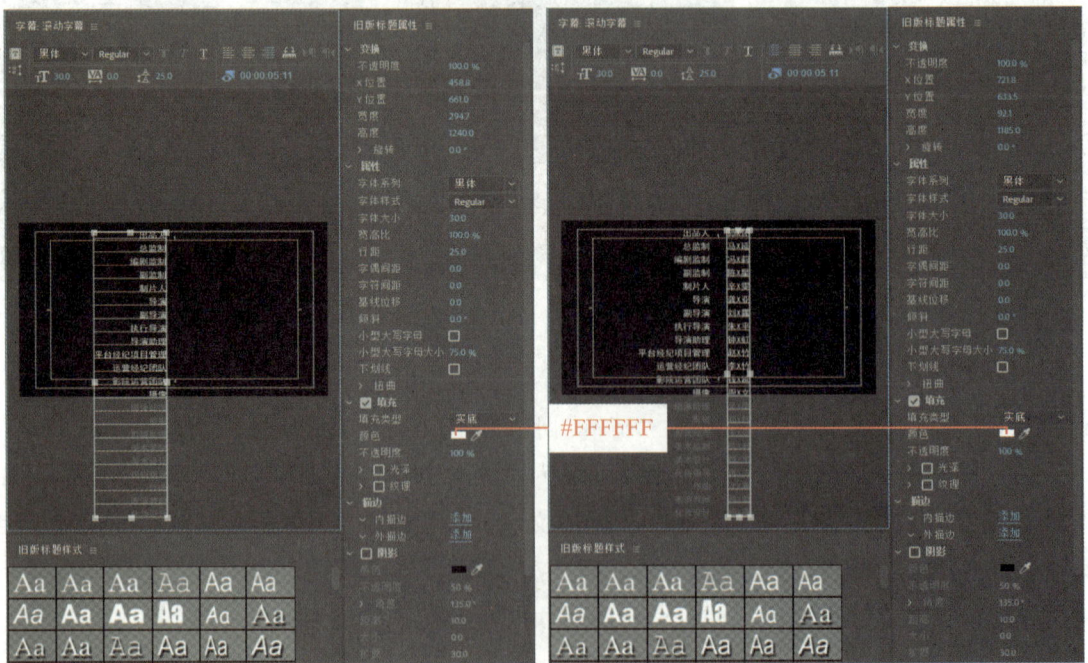

图 5-37　字幕设置

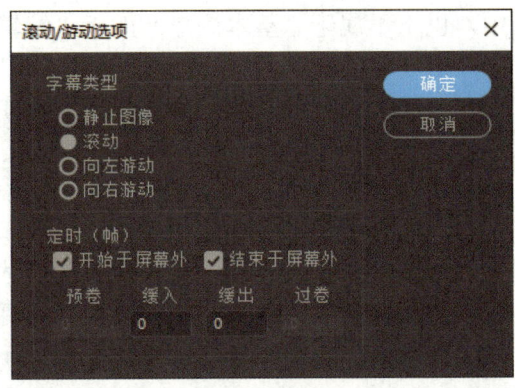

图 5-38 滚动字幕设置

> **提示**
>
> 滚动字幕中的文字内容，读者可在本书配套素材"素材与实例"/"项目五"/"项目实训"文件夹中找到。

（5）将"滚动字幕"字幕拖至"时间轴"面板的 V1 视频轨道中，使其接排"XINGCHEN YINGYE"素材，并设置其持续时间为 15 秒。

（6）在"XINGCHEN YINGYE"素材与"滚动字幕"字幕之间应用"效果"面板"视频过渡"文件夹中"溶解"分类下的"交叉溶解"视频过渡。

（7）导入本书配套素材"素材与实例"/"项目五"/"项目实训"文件夹中的"音乐.mp3"素材，将其拖至"时间轴"面板的 A1 音频轨道中，使其入点位于第 0 帧，并剪掉音频素材超出字幕素材的部分。

（8）首先预览视频效果，然后导出格式为 MP4 的视频，最后保存项目文件并关闭软件。

项目考核

1. 选择题

（1）在 Premiere Pro 中，以下不属于"字幕"窗口组成部分的是（　　）。

A．"旧版标题属性"面板　　　　　　B．"旧版标题样式"面板

C．字幕属性栏　　　　　　　　　　D．"节目"面板

（2）在 Premiere Pro 中，以下不属于"基本图形"面板"编辑"选项卡下的设置组的是（　　）。

　　A．对齐并变换　　　　　　　　B．字幕编辑区
　　C．外观　　　　　　　　　　　D．响应设计 - 位置

（3）在 Premiere Pro 中无法创建的字幕类型是（　　）。

　　A．3D 字幕　　　　　　　　　 B．静态字幕
　　C．滚动字幕　　　　　　　　　D．游动字幕

（4）在 Premiere Pro 中，若想在"字幕"窗口中绘制任意形状的图形，可使用字幕工具箱中的（　　）。

　　A．直线工具　　　　　　　　　B．圆角矩形工具
　　C．钢笔工具　　　　　　　　　D．切角矩形工具

2．操作题

利用本书配套素材"素材与实例"/"项目五"/"项目考核"文件夹中的素材制作如图 5-39 所示的短视频片头。

图 5-39　短视频片头截图

提示：

（1）启动 Premiere Pro，新建一个名为"短视频片头"的项目。

（2）导入本书配套素材"素材与实例"/"项目五"/"项目考核"文件夹中的素材文件，并将"背景.mp4"素材拖至"时间轴"面板中。

（3）首先利用"旧版标题"命令新建名为"美好的一天"（其他参数保持默认）的字幕，并参照图 5-40 制作字幕；然后将制作的字幕拖至"时间轴"面板的 V2 视频轨道中，使其入点位于第 8 秒处，出点与"背景.mp4"素材的出点对齐。

（4）首先利用"旧版标题"命令新建名为"矩形"（其他参数保持默认）的字幕，并参照图 5-41 绘制矩形；然后将绘制的矩形拖至"时间轴"面板的 V3 视频轨道中，使其入点和出点分别与"美好的一天"字幕的入点和出点对齐。

项目五 字幕制作与图形绘制

图 5-40 制作"美好的一天"字幕

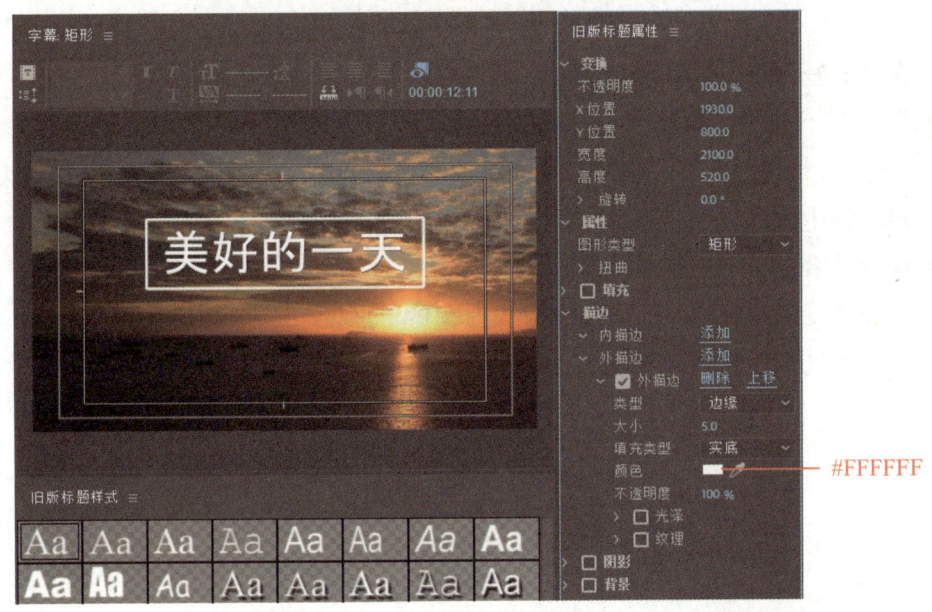

图 5-41 绘制矩形

（5）首先将时间指针拖至第 12 秒处，然后参照图 5-42，利用"文字工具"■和"基本图形"面板在"节目"面板中制作字幕（此时，字幕位于"时间轴"面板中自动生成的 V4 视频轨道中），并使其出点与之前制作的字幕的出点对齐。

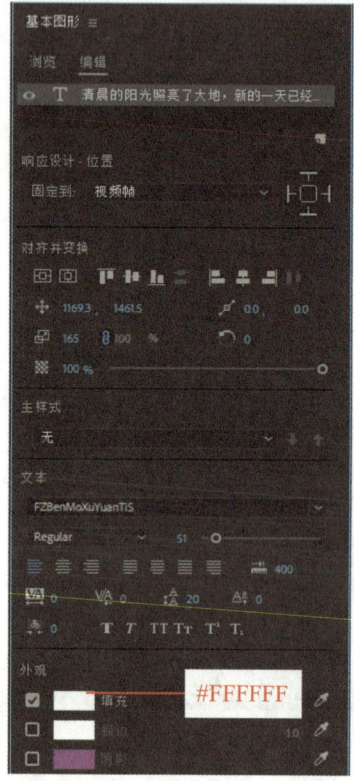

图 5-42　制作其他字幕

（6）在"美好的一天"和"矩形"字幕入点均应用"效果"面板"视频过渡"文件夹中"擦除"分类下的"双侧平推门"视频过渡，并设置视频过渡的持续时间为 2 秒；在"清晨的……"素材出点应用"溶解"分类下的"叠加溶解"视频过渡（参数保持默认）。

（7）将"音乐.mp3"素材拖至"时间轴"面板的 A1 音频轨道中，使其入点位于第 0 帧，并剪掉音频素材超出视频素材的部分。

（8）首先预览视频效果，然后导出格式为 MP4 的视频。

（9）保存项目文件并关闭软件。

项目评价

完成所有学习任务之后，请按照以下要求完成项目评价。

全班同学每 5 人一组，各组成员结合课前、课中和课后的学习情况，以及项目实训和项目考核的完成情况，按照表 5-1 中的评价标准对本项目的学习效果进行自评和互评（小组组内成员互相打分），并请教师进行总体评价。

表 5-1　学习效果评价表

评价项目	评价内容	分值	评价分数		
			自评	互评	师评
知识（50%）	文字工具的使用方法	10 分			
	字幕的制作方法	10 分			
	图形绘制工具的使用方法	10 分			
	图形的绘制方法	10 分			
	将字幕与图形结合使用的方法	10 分			
技能（30%）	根据实际需求灵活运用字幕与图形丰富视频作品	30 分			
素养（20%）	勤于思考，善于沟通、协作	5 分			
	按时、积极参加各项活动	5 分			
	高质量地完成课堂练习、课后作业	5 分			
	具备良好的学习态度	5 分			
合计		100 分			
总评	＝自评（20%）＋互评（20%）＋师评（60%）	综合等级：	指导教师（签名）：		

注：综合等级可以"优"（总评得分≥90 分）、"良"（80 分≤总评得分＜90 分）、"中"（60 分≤总评得分＜80 分）、"差"（总评得分＜60 分）为标准进行评价。

项目六

蒙版与抠像

项目导读

蒙版与抠像都是视频编辑中常用的技术,用于对视频中的特定区域进行遮挡或抠取。其中,蒙版主要用于显示特定画面区域,方便用户有选择性地编辑视频;抠像主要用于将目标对象从背景中抠取出来,以便独立使用或与其他素材组合使用。本项目将介绍在Premiere Pro中使用蒙版的方法,以及使用键控类视频效果抠像的方法。

学习目标

知识目标
- ▶ 了解蒙版的概念与作用。
- ▶ 掌握蒙版与蒙版跟踪的使用方法。
- ▶ 了解抠像的概念与作用。
- ▶ 掌握使用键控类视频效果抠像的方法。

能力目标
- ▶ 能够灵活使用蒙版编辑视频。
- ▶ 能够灵活使用键控类视频效果抠像。

素质目标
- ▶ 培养执着专注、精益求精、一丝不苟、追求卓越的工匠精神。
- ▶ 感受中国传统绘画技法的魅力,吸取和借鉴中华优秀传统文化的精髓。

项目六　蒙版与抠像

任务一　认识蒙版

任务描述

本任务首先介绍蒙版的概念与作用，以及蒙版与蒙版跟踪的使用方法，然后利用这些知识制作中国茶广告短片，效果如图 6-1 所示。

图 6-1　中国茶广告短片截图

一　了解蒙版

蒙版以路径形态控制图层内容的显示与隐藏，常用于修改或隐藏视频中的特定区域。其中，修改视频中的特定区域是指对视频局部进行调整，如局部调色（见图 6-2）、修复瑕疵、局部模糊处理等，使画面效果更加出色；隐藏视频中的特定区域是指隐藏不需要的部分，突出重要的元素，以便与其他素材融合，制作合成效果，如图 6-3 所示。

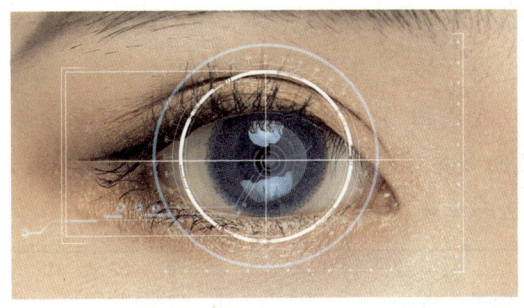 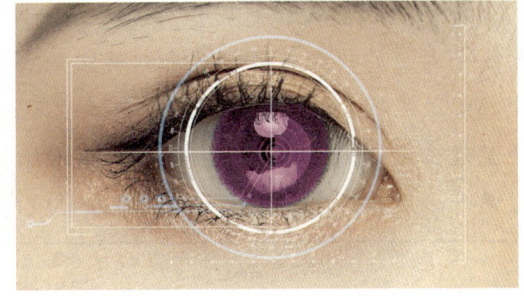

图 6-2　局部调色

139

图 6-3　合成

二　使用蒙版

选中"时间轴"面板中的素材,在"效果控件"面板中展开"不透明度"固定视频效果,此时可以看到"创建椭圆形蒙版"按钮■、"创建 4 点多边形蒙版"按钮■和"自由绘制贝塞尔曲线"按钮■,这些按钮统称为蒙版工具,用于创建各种形状的蒙版。创建蒙版后,在蒙版工具下方可以查看和设置已创建蒙版的属性,如图 6-4 所示。

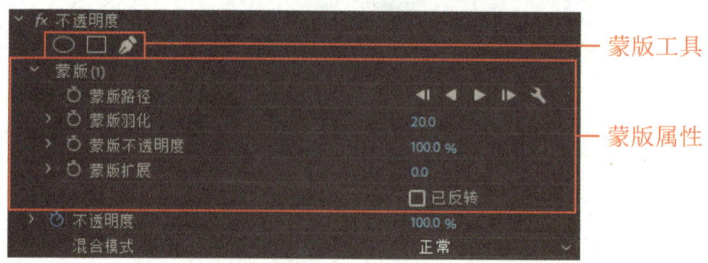

图 6-4　蒙版工具和蒙版属性

> **提示**
>
> 大部分视频效果下都有蒙版工具。当为素材添加视频效果后,展开"效果控件"面板中对应的视频效果即可看到其蒙版工具。蒙版的效果取决于所用蒙版工具位于哪个视频效果下。例如,蒙版工具位于"不透明度"固定视频效果下,用其创建蒙版后,会呈现出蒙版内画面显示,蒙版外画面隐藏的效果;蒙版工具位于"高斯模糊"视频效果下,用其创建蒙版后,会呈现出蒙版内画面模糊,蒙版外画面清晰的效果。

1. 蒙版工具

使用蒙版工具不仅可以创建蒙版,还可以对已创建的蒙版进行修改。下面以在"不透明度"固定视频效果下创建蒙版为例,介绍 3 种蒙版工具的使用方法。

(1)**创建椭圆形蒙版工具**:常用于创建椭圆形蒙版。单击"创建椭圆形蒙版"按钮■,"节目"面板中会自动生成一个椭圆形蒙版。此时,在"节目"面板中,拖动锚点可改变蒙版的形状;单击路径可添加锚点;按住"Ctrl"键的同时单击锚点可删除锚点;按住"Alt"键的同时单击平滑点可将其转换为角点;按住"Alt"键的同时在角点上按住鼠标左键并拖动可将其转换为平滑点;拖动平滑点的控制柄也可改变蒙版的形状,如图 6-5 所示。

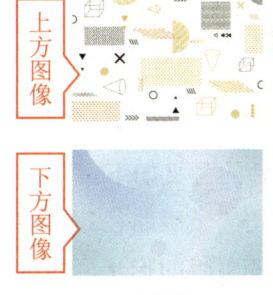  

原图　　　　　　　　　自动生成的蒙版效果　　　　　　　调整后的蒙版效果

图 6-5　使用创建椭圆形蒙版工具创建蒙版

(2)**创建 4 点多边形蒙版工具**:常用于创建矩形蒙版。单击"创建 4 点多边形蒙版"按钮■,"节目"面板中会自动生成一个矩形蒙版,该蒙版的编辑方法与使用"创建椭圆形蒙版"按钮■创建的蒙版基本相同,如图 6-6 所示。

 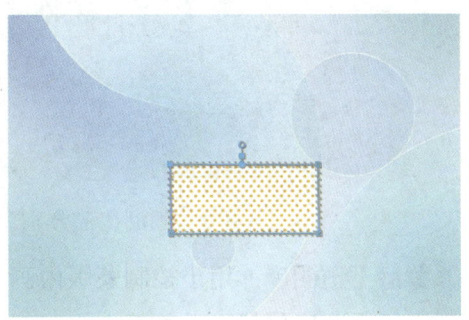

自动生成的蒙版效果　　　　　　　　　调整后的蒙版效果

图 6-6　使用创建 4 点多边形蒙版工具创建蒙版

(3)**自由绘制贝塞尔曲线工具**:可用于创建任意形状的蒙版。"自由绘制贝塞尔曲线"按钮■的使用方法与工具箱中的"钢笔工具"■基本相同,其对应蒙版的编辑方法与使用"创建椭圆形蒙版"按钮■创建的蒙版基本相同,如图 6-7 所示。

图 6-7　使用自由绘制贝塞尔曲线工具创建蒙版

> **提示**
>
> 在"节目"面板中,将鼠标指针放在蒙版外,当鼠标指针呈不同角度的形状时,按住鼠标左键并拖动可调整蒙版的角度;将鼠标指针放在蒙版外并按住"Shift"键,当鼠标指针呈不同角度的形状时,按住鼠标左键并拖动可等比例缩放蒙版;将鼠标指针放在蒙版内,当鼠标指针呈形状时,按住鼠标左键并拖动可调整蒙版的位置。此外,选中某个锚点后按键盘上的方向键,可对锚点的位置进行微调。
>
> 一个素材上可以创建多个蒙版,蒙版将以"蒙版(序号)"命名。例如,创建了3个蒙版,蒙版将以"蒙版(1)""蒙版(2)""蒙版(3)"命名。

2. 蒙版属性

创建蒙版后,在"效果控件"面板中将显示蒙版属性,其中各属性的含义如下。

(1)**蒙版路径**:用于制作关键帧动画和蒙版跟踪效果。例如,单击"蒙版路径"属性左侧的"切换动画"按钮添加关键帧,在其他时间添加关键帧并改变蒙版的形状,即可制作出蒙版形状变化的动画。关于蒙版跟踪,后续会详细介绍。

(2)**蒙版羽化**:用于调整蒙版边缘的柔和程度。羽化值越大,蒙版内外的过渡越柔和;羽化值越小,蒙版内外的过渡越生硬,如图6-8所示。

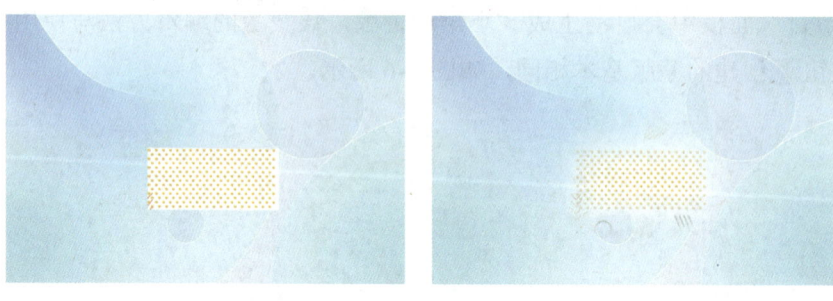

图6-8 蒙版羽化值分别为0.0和100.0时的画面效果

(3)**蒙版不透明度**:用于控制蒙版内画面的透明程度。不透明度值越大,蒙版内的画面越清晰;不透明度值越小,蒙版内的画面越透明,如图6-9所示。

图6-9 蒙版不透明度值分别为100.0%和50.0%时的画面效果

> **提示**
>
> 当在"不透明度"固定视频效果下创建蒙版时,"蒙版不透明度"属性的作用与"不透明度"属性相同。

(4)蒙版扩展:用于使蒙版的边界内移或外移,负值为内移,正值为外移,如图6-10所示。

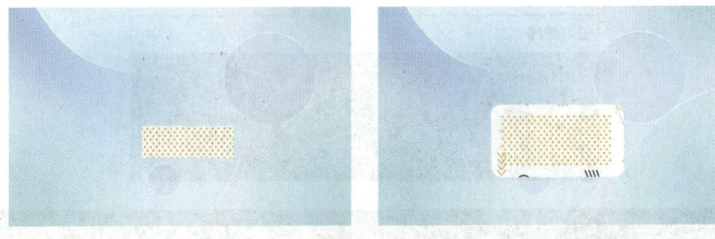

图6-10　蒙版扩展值分别为-30.0和30.0时的画面效果

> **提示**
>
> 设置蒙版扩展值时,数值(正值)越大,蒙版的拐角越平滑,而手动放大蒙版时,蒙版的拐角不变。

除上述属性外,选中"已反转"复选框,可将蒙版内外的画面效果对调,即蒙版的显示与隐藏内容对调,如图6-11所示。

图6-11　未选中和选中"已反转"复选框时的画面效果

> **提示**
>
> 右击蒙版名称,在弹出的快捷菜单中选择相应选项,可以对蒙版进行管理操作,如图6-12所示。

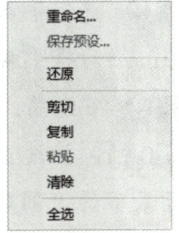

图6-12　蒙版的右键快捷菜单

使用蒙版跟踪

蒙版跟踪功能可以使蒙版自动跟踪事物的运动路径。先单击"蒙版路径"属性左侧的"切换动画"按钮 ,再单击右侧的"向前跟踪所选蒙版"按钮 ,弹出"正在跟踪"提示框,软件将自动识别蒙版内事物的运动路径,使蒙版自动跟随事物移动,并自动添加关键帧,如图6-13所示。

图 6-13　蒙版跟踪

> **提示**
>
> 虽然蒙版跟踪功能可以使蒙版自动跟踪事物的运动路径,但是并不能保证蒙版与事物的运动路径完全匹配。因此,为确保准确,使用蒙版跟踪后,用户还应检查蒙版跟踪情况,必要时进行手动调整。

任务实施——制作中国茶广告短片

本任务实施将使用 Premiere Pro 提供的蒙版功能制作中国茶广告短片。案例最终效果可参考本书配套素材"素材与实例"/"项目六"/"任务一"文件夹中的"中国茶广告短片.mp4"文件。

制作中国茶广告短片

步骤 1　启动 Premiere Pro,新建一个名为"中国茶广告短片"的项目。

步骤 2　首先导入本书配套素材"素材与实例"/"项目六"/"任务一"文件夹中的素材文件;然后将"素材1.jpg"素材拖至"时间轴"面板中,并设置其持续时间为5秒。

步骤 3　首先将"素材2.png"素材拖至"时间轴"面板的V2视频轨道中,使其入点位于第0帧,并设置其持续时间为5秒;然后单击"效果控件"面板中"不透明度"固定视频效果下的"创建4点多边形蒙版"按钮 ,为"素材2.png"素材创建蒙版;接着在"节目"面板中调整蒙版的形状(大致相同即可);最后在"效果控件"面板中设置蒙版不透明度值为50.0%,如图6-14所示。

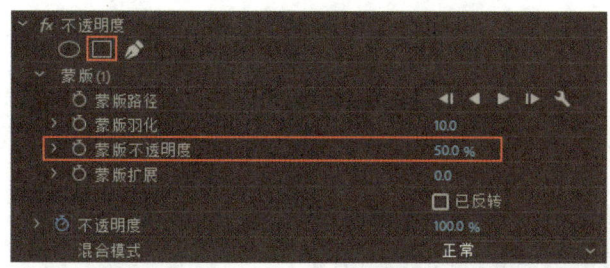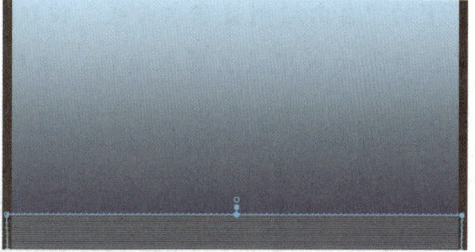

图 6-14 为"素材 2.png"素材创建蒙版并调整

步骤 ❹ 参照步骤 3 将"素材 3.jpg"素材拖至"时间轴"面板的 V3 视频轨道中,为其创建蒙版并调整,如图 6-15 所示。

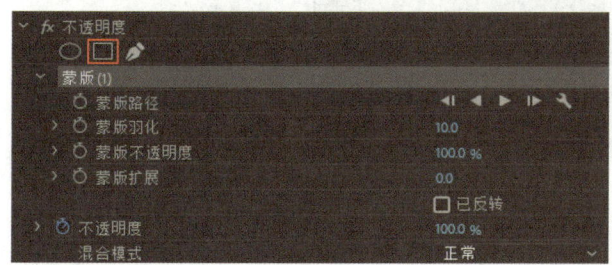

图 6-15 为"素材 3.jpg"素材创建蒙版并调整

步骤 ❺ 首先参照步骤 3 将"素材 4.jpg"素材拖至"时间轴"面板的 V4 视频轨道(需要先创建 V4 视频轨道)中;然后单击"效果控件"面板中"不透明度"固定视频效果下的"创建椭圆形蒙版"按钮,为"素材 4.jpg"素材创建蒙版;接着在"节目"面板中调整蒙版的形状,如图 6-16 所示;最后在"效果控件"面板中设置蒙版羽化值为 0.0。

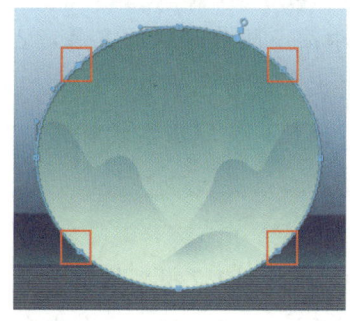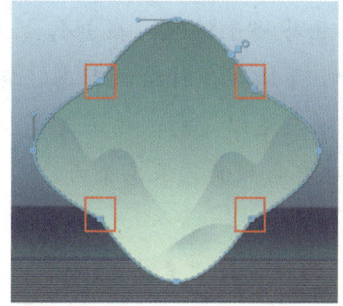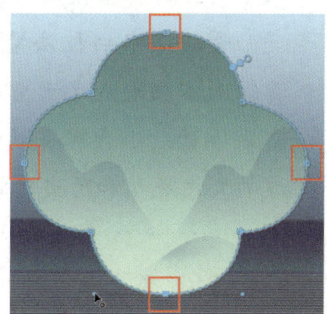

添加锚点　　　　　将添加的锚点由平滑点转换为角点并移动　　　　调整原锚点的控制柄

图 6-16 调整蒙版的形状

步骤 ❻ 参照步骤 3 将"素材 5.png"素材拖至"时间轴"面板的 V5 视频轨道(需要先创建 V5 视频轨道)中,并在"效果控件"面板中设置其缩放值为 110.0。

步骤 ❼ 首先参照步骤 3 将"素材 6.jpg"素材拖至"时间轴"面板的 V6 视频轨道(需要先创建 V6 视频轨道)中;然后单击"效果控件"面板中"不透明度"固定视频效

果下的"自由绘制贝塞尔曲线"按钮，并为"素材6.jpg"素材创建蒙版；接着在"效果控件"面板中设置蒙版属性；最后调整"素材6.jpg"素材的位置和大小，如图6-17所示。

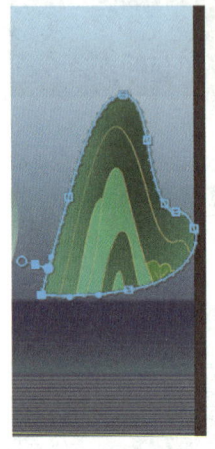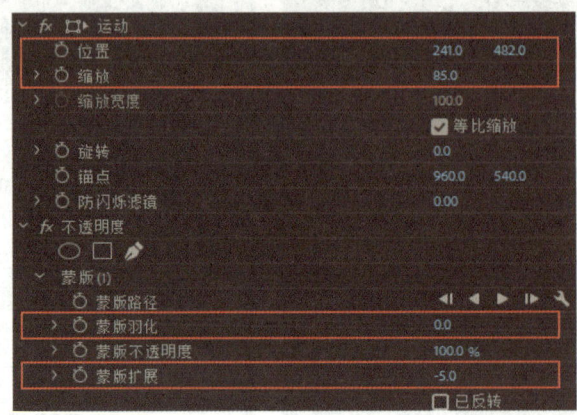

图6-17　为"素材6.jpg"素材创建蒙版并调整

拓展阅读

"素材6.jpg"素材中的山，采用青绿山水画的技法绘制而成。青绿山水是中国传统山水画的重要表现形式，也是中国人观照自然的艺术呈现，在中国绘画史上占有重要地位。青绿色彩的使用，在中国美术史上可以追溯到秦汉时期甚至更早，而青绿山水画的创作高峰是在宋代，《千里江山图》《江山秋色图》等经典作品体现了宋代绘画材料和技法的发展水平，成为中国山水画史上的高峰之作。

青绿山水画技法繁复，且易陷于俗艳，在创作上颇具难度。随着时代的发展，青绿山水画形成了大青绿、小青绿等多种绘画形态。其中，大青绿着色浓重，画风富丽华贵；小青绿在墨骨基础上施以淡彩，画风秀美清新。因此，青绿山水既有深厚的文化底蕴和历史内涵，也有强烈的艺术感染力。

步骤8　首先在"时间轴"面板中将"素材6.jpg"素材复制一份到V7视频轨道（需要先创建V7视频轨道）中，并使其入点和出点分别与原"素材6.jpg"素材的入点和出点对齐；然后单击"效果控件"面板中的"蒙版（1）"将其选中，并调整蒙版的形状；最后调整复制的"素材6.jpg"素材的位置，如图6-18所示。

步骤9　首先选择"文件"/"新建"/"旧版标题"选项，在打开的"新建字幕"对话框（参数保持默认）中单击"确定"按钮；然后在打开的"字幕"窗口中选择"文字工具"，在字幕编辑区单击并输入文字"自然茶　中国茶"后按"Esc"键确认；最后在"旧版标题属性"面板中设置文字属性（见图6-19），单击窗口右上角的"关闭"按钮。

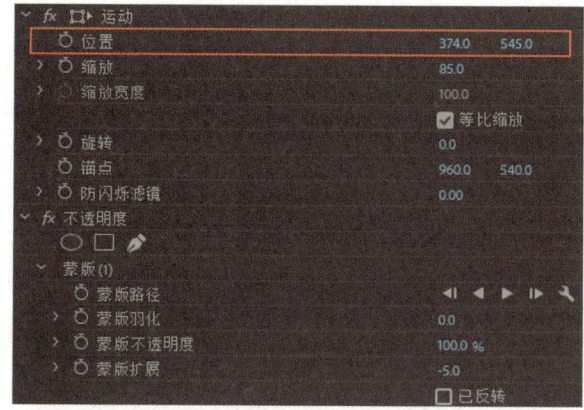

图 6-18 调整复制的"素材 6.jpg"素材

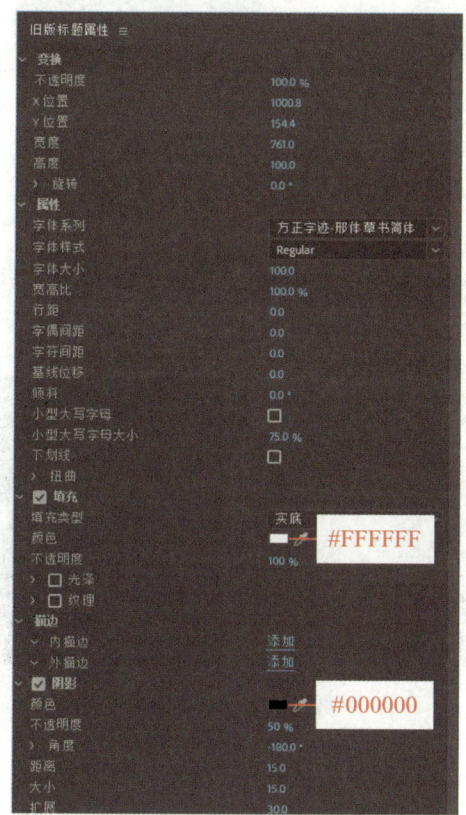

图 6-19 "自然茶 中国茶"字幕设置

步骤 10 将步骤 9 制作的字幕拖至"时间轴"面板的 V8 视频轨道（需要先创建 V8 视频轨道）中，使其入点位于第 1 秒处，设置其持续时间为 4 秒，并为其入点应用"效果"面板"视频过渡"文件夹中"擦除"分类下的"划出"视频过渡。

步骤 11 将"音乐.mp3"素材拖至"时间轴"面板的 A1 音频轨道中，使其入点位于第 0 帧，并剪掉音频素材超出图像素材的部分。

步骤 ⑫ 首先预览视频效果，然后参照图 6-20 中的参数设置（其他参数保持默认）导出视频，最后保存项目文件并关闭软件。

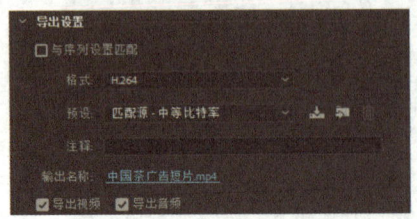

图 6-20　导出设置

任务二　认识抠像

任务描述

本任务首先介绍抠像的概念与作用，以及使用键控类视频效果抠像的方法，然后利用这些知识制作旅行 vlog 片头，效果如图 6-21 所示。

图 6-21　旅行 vlog 片头截图

一　了解抠像

抠像是指将视频、图像等素材中的特定部分从背景中分离出来，以便进行编辑或合成。在 Premiere Pro 中，抠像是通过将指定区域的内容隐藏，使其变为透明来完成的。对于抠取出来的部分，用户可以对其进行调色、应用特殊效果等编辑，也可以将其与其他图像合成，创造出新的画面效果。

在"效果"面板"视频效果"文件夹中的"键控"分类下有 9 种视频效果（见图 6-22），这些视频效果通过使用素材中的色彩差或创建遮罩隐藏素材的特定区域，以达到抠像的目的。根据抠像方式，可以将键控类视频效果分为色彩类键控视频效果和遮罩类键控视频效果两大类。

图 6-22 "键控"分类

二 使用色彩类键控视频效果抠像

色彩类键控视频效果可以根据素材的色彩或亮度等信息定义其透明区域，常用于移除素材中的统一背景色。

1. Alpha 调整

对于包含透明信息的素材，可以使用"Alpha 调整"视频效果来调整其透明效果，如图 6-23 所示。

（1）**不透明度**：用于设置素材画面的整体不透明度，作用与"不透明度"固定视频效果下的相应属性相同。

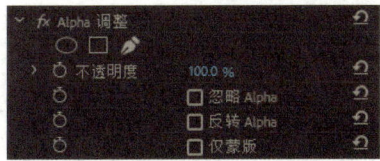

图 6-23 "Alpha 调整"视频效果

（2）**忽略 Alpha**：选中该复选框，将忽略素材画面中原来的透明区域，并自动填充这些区域。

（3）**反转 Alpha**：选中该复选框，素材画面中原来的透明区域和不透明区域将对调，即原本透明的区域不再透明，而原本不透明的区域变为透明。

（4）**仅蒙版**：选中该复选框，将只显示 Alpha 通道的蒙版，而不是显示其中的图像，即素材画面中的不透明区域将显示为通道画面（黑、白、灰画面），而透明区域不会受影响。

知识库

Alpha 通道是什么呢？扫一扫，了解 Alpha 通道的相关知识吧。

Alpha 通道相关知识

2. 亮度键

使用"亮度键"视频效果可以将素材画面中明度较低的区域变为透明，如图 6-24 所示。

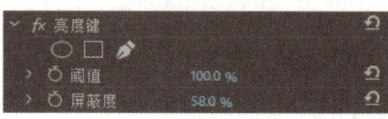

图 6-24 使用"亮度键"视频效果抠像

（1）阈值：用于设置抠取素材中明度较低区域时的容差值。数值越大，明度较低区域的选取范围越大，变为透明的区域也越大。

（2）屏蔽度：用于设置由"阈值"属性产生的透明区域的透明度。数值越大，透明度越高。当阈值不为100%，且屏蔽值足够大时，透明区域与不透明区域将对调。

3. 超级键

使用"超级键"视频效果可以将素材画面中指定颜色及其相似颜色的区域变为透明，如图6-25所示。此外，也可以使用该视频效果来调整素材画面的色彩显示。

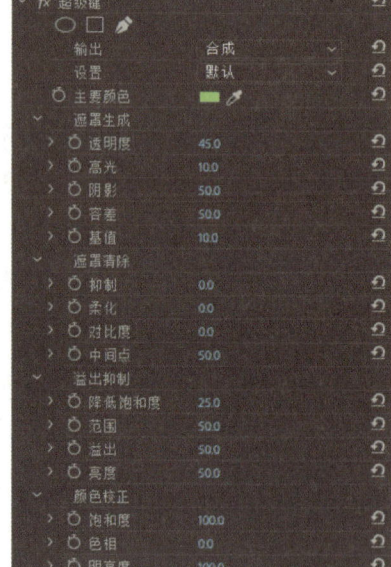

图 6-25 使用"超级键"视频效果抠像

（1）输出：用于设置抠像结果的输出模式。

（2）设置：用于设置抠像的强度。不同强度下"遮罩生成""遮罩清除"和"溢出抑制"等属性组中的数值会相应变化。

（3）主要颜色：用于指定要变为透明区域的颜色。

（4）遮罩生成、遮罩清除、溢出抑制、颜色校正：用于调整生成的遮罩，以及抠像后的画面效果。

4. 非红色键

与"超级键"视频效果类似，"非红色键"视频效果主要是通过调整阈值将素材画面中指定颜色（基于绿色或蓝色）的区域变为透明，如图6-26所示。

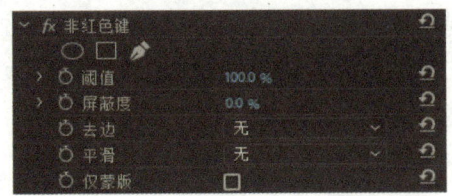

图6-26 "非红色键"视频效果

（1）去边：用于设置去边效果，其列表中有"无""绿色""蓝色"3个选项。

（2）平滑：用于设置锯齿消除程度，其列表中有"无""低""高"3个选项。

> **提示**
> 一般来说，在"效果控件"面板中，不同视频效果下相同名称的属性和设置项的作用是相同的，如"非红色键"视频效果中"阈值"属性的作用与"亮度键"视频效果中的相同。因此，对于重复的属性和设置项不再进行介绍。

5. 颜色键

"颜色键"视频效果的作用也与"超级键"视频效果类似，可以将素材画面中指定颜色的区域变为透明，如图6-27所示。

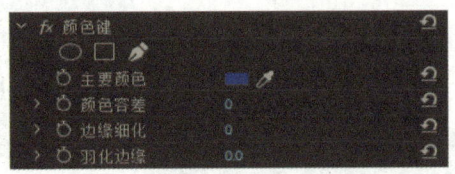

图6-27 "颜色键"视频效果

（1）颜色容差：用于设置与指定颜色相似的颜色范围，数值越大，所选颜色范围越大。

（2）边缘细化：用于设置抠像区域边缘的宽度，从而扩大或减小透明区域，其中正值为扩大透明区域，负值为减小透明区域。

（3）羽化边缘：用于设置抠像区域边缘的柔和程度，数值越大，抠像区域边缘过渡越柔和。

使用遮罩类键控视频效果抠像

简单地讲,遮罩就是遮住素材中不需要的内容。遮罩类键控视频效果可以根据定义的轮廓将素材的部分区域变为透明,从而达到抠像效果。

1. 图像遮罩键

使用"图像遮罩键"视频效果可以通过一个遮罩图像的Alpha通道或亮度值来确定素材画面的透明区域。其中,与遮罩图像黑色区域对应的区域是透明的,与遮罩图像白色区域对应的区域是不透明的,与遮罩图像灰色区域对应的区域是半透明的。

在使用"图像遮罩键"视频效果时,需要单击"效果控件"面板"图像遮罩键"视频效果名称右侧的"设置"按钮,在打开的"选择遮罩图像"对话框中选择一幅图像作为遮罩图像后单击"打开"按钮,这幅图像将决定最终的画面效果。

例如,在图6-28中,为上方视频轨道中的素材添加"图像遮罩键"视频效果后,其画面部分区域被遮罩图像的黑色区域遮挡而变为透明,部分区域被遮罩图像的灰色区域遮挡而变为半透明,从而显示下方视频轨道中的部分素材画面。需要注意的是,遮罩图像最好使用灰度图像,且该视频效果只支持名称和路径均为英文的遮罩图像。

上方视频轨道中的素材画面

下方视频轨道中的素材画面

遮罩图像

为上方视频轨道中的素材添加"图像遮罩键"视频效果后的画面效果

图6-28 使用"图像遮罩键"视频效果抠像

(1)**合成使用**:设置素材合成的遮罩方式。在该列表中选择"Alpha遮罩"选项,Premiere Pro将使用遮罩图像的Alpha通道进行合成;选择"亮度遮罩"选项,则使用遮罩图像的亮度值进行合成。

(2)**反向**:选中该复选框,将对调之前的遮罩区域设置(原先遮罩的区域变为未遮罩的区域,未遮罩的区域变为遮罩的区域)。

2. 差值遮罩

使用"差值遮罩"视频效果可以去除两个素材中相匹配的区域,即去除两个素材画面中相似的部分,留下有差异的部分,如图6-29所示。

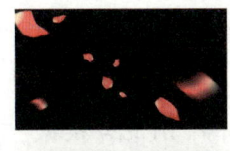

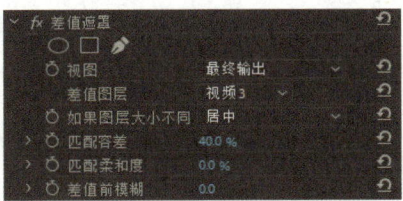

图6-29 使用"差值遮罩"视频效果抠像

(1)**视图**:用于设置显示方式。在该列表中选择"最终输出"选项,可在"节目"面板中看到最终的抠像效果;选择"仅限源"选项,只显示源素材;选择"仅限遮罩"选项,只显示遮罩图像。

(2)**差值图层**:用于设置与当前素材产生差值的素材轨道。

(3)**如果图层大小不同**:用于设置键控素材与差异素材大小不同时的适配方式。

(4)**匹配容差**:用于设置变成透明区域的范围,数值越大,透明区域的范围越大。

(5)**匹配柔和度**:用于设置透明区域与不透明区域边界处的柔和程度。

(6)**差值前模糊**:用于设置素材的模糊程度,数值越大,素材越模糊。

3. 移除遮罩

使用"移除遮罩"视频效果可以调整透明区域和不透明区域的边界,在"遮罩类型"列表中选择相应选项,可以减少边界白色或黑色,如图6-30所示。

4. 轨道遮罩键

"轨道遮罩键"视频效果(见图6-31)的作用与"图像遮罩键"视频效果类似,都是将某一素材作为遮罩图像,显示目标素材的部分区域。不同的是,"图像遮罩键"视频效果是将作为遮罩图像的素材附加到目标素材上,而"轨道遮罩键"视频效果是将作为遮罩图像的素材添加到"时间轴"面板中。

图6-30 "移除遮罩"视频效果

图6-31 "轨道遮罩键"视频效果

(1) **遮罩**：用于设置作为遮罩的素材轨道。
(2) **合成方式**：与"图像遮罩键"视频效果下"合成使用"属性的作用类似。

知识库

抠像的方法不止上述这些，用户也可以使用本项目任务一中介绍的"不透明度"固定视频效果下的蒙版工具抠像，还可以使用混合模式等抠像。混合模式是指当前素材与其下方视频轨道中素材的色彩叠加方式。混合模式有多种，其中个别混合模式可以用来抠像。例如，使用"变暗"模式可以去除当前素材画面中的白色背景，如图 6-32 所示。

图 6-32　使用混合模式抠像

任务实施——制作旅行 vlog 片头

本任务实施将使用 Premiere Pro 提供的抠像功能制作旅行 vlog 片头。案例最终效果可参考本书配套素材"素材与实例"/"项目六"/"任务二"文件夹中的"旅行 vlog 片头 .mp4"文件。

制作旅行 vlog 片头

步骤 ❶　启动 Premiere Pro，新建一个名为"旅行 vlog 片头"的项目。

步骤 ❷　导入本书配套素材"素材与实例"/"项目六"/"任务二"文件夹中的素材文件。

步骤 ❸　将"风景 .jpg"素材拖至"时间轴"面板中，并设置其持续时间为 5 秒。将"人物 .jpg"素材拖至"时间轴"面板的 V2 视频轨道中，使其入点位于第 0 帧，并设置其持续时间为 5 秒。

步骤 ❹　首先将"效果"面板"视频效果"文件夹中"键控"分类下的"颜色键"视频效果拖至"人物 .jpg"素材上；然后单击"效果控件"面板中"颜色键"视频效果下的 ■ 按钮，并单击"节目"面板中"人物 .jpg"素材的背景（吸取蓝色）；最后在"效果控件"面板中设置"颜色键"视频效果的相应属性，以此抠取人物，如图 6-33 所示。

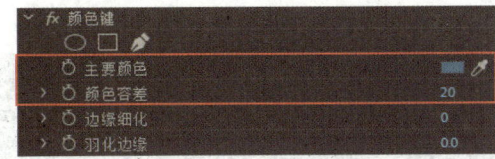

图 6-33　抠取人物

步骤❺ 首先选择"文件"/"新建"/"旧版标题"选项，在打开的"新建字幕"对话框（参数保持默认）中单击"确定"按钮；然后在打开的"字幕"窗口中选择"文字工具"，在字幕编辑区单击并输入文字"一起去旅行"后按"Esc"键确认；接着在"旧版标题属性"面板中设置文字属性（见图6-34），单击窗口右上角的"关闭"按钮；最后将制作的字幕拖至"时间轴"面板的V3视频轨道中，使其入点位于第0帧，并设置其持续时间为5秒。

步骤❻ 首先将"大海.mp4"素材拖至"时间轴"面板的V2视频轨道中，使其接排"人物.jpg"素材，并设置其持续时间为5秒；然后参照步骤5制作"我的旅行vlog"字幕，其属性设置如图6-35所示；最后将制作的字幕拖至"时间轴"面板的V3视频轨道中，使其接排"字幕01"素材，并设置其持续时间为5秒。

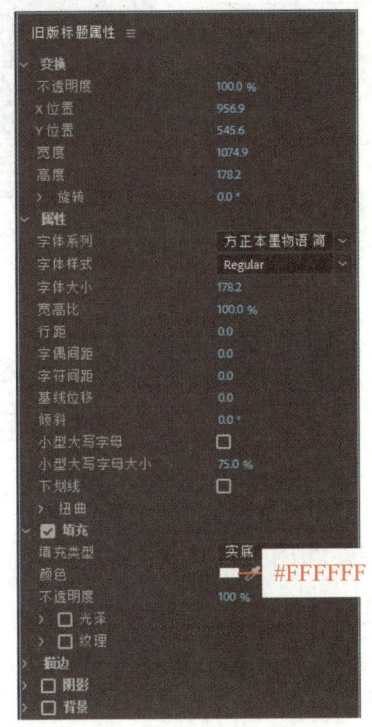

图 6-34　"一起去旅行"字幕设置　　　　图 6-35　"我的旅行 vlog"字幕设置

步骤 7 首先将"效果"面板"视频效果"文件夹中"键控"分类下的"轨道遮罩键"视频效果拖至"大海.mp4"素材上；然后在"效果控件"面板中设置"轨道遮罩键"视频效果的属性，如图 6-36 所示。

图 6-36　对"大海.mp4"素材使用"轨道遮罩键"视频效果

步骤 8 将"音乐.mp3"素材拖至"时间轴"面板的 A1 音频轨道中，使其入点位于第 0 帧，并剪掉音频素材超出视频素材和图像素材的部分。

步骤 9 首先预览视频效果，然后参照图 6-37 中的参数设置（其他参数保持默认）导出视频，最后保存项目文件并关闭软件。

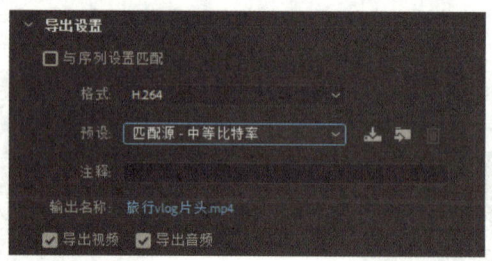

图 6-37　导出设置

1. 实训内容

本实训利用前面所学知识制作旗袍宣传片，效果如图 6-38 所示。视频最终效果可参考本书配套素材"素材与实例"/"项目六"/"项目实训"文件夹中的"旗袍宣传片.mp4"文件。

项目六 蒙版与抠像

图 6-38　旗袍宣传片截图

2. 操作提示

（1）启动 Premiere Pro，新建一个名为"旗袍宣传片"的项目。

（2）导入本书配套素材"素材与实例"/"项目六"/"项目实训"文件夹中的素材文件。

（3）将"视频素材 1.mp4"素材和"视频素材 2.mp4"素材同时选中并拖至"时间轴"面板中。

（4）首先将"效果"面板"视频效果"文件夹中"颜色校正"分类下的"亮度与对比度"视频效果拖至"视频素材 1.mp4"素材上；然后使用"效果控件"面板中"亮度与对比度"视频效果下的"自由绘制贝塞尔曲线"按钮 为"视频素材 1.mp4"素材创建蒙版；最后在"效果控件"面板中设置蒙版属性，如图 6-39 所示。

图 6-39　为"视频素材 1.mp4"素材创建蒙版并调整

（5）首先单击"蒙版路径"属性左侧的"切换动画"按钮 （确保时间指针位于第 0 帧处）；然后单击右侧的"向前跟踪所选蒙版"按钮 ，弹出"正在跟踪"提示框，使蒙版自动跟踪人脸及脖子的运动，如图 6-40 所示。如果蒙版跟踪效果不理想，用户可手动调整。

图 6-40　使用蒙版跟踪

157

（6）将"图像素材1.jpg"素材拖至"时间轴"面板的V1视频轨道中，使其接排"视频素材2.mp4"素材，并设置其持续时间为5秒。

（7）首先将"图像素材2.jpg"素材拖至"时间轴"面板的V2视频轨道中，使其入点和出点分别与"图像素材1.jpg"素材的入点和出点对齐；然后为其添加"效果"面板"视频效果"文件夹中"键控"分类下的"超级键"视频效果；最后单击"效果控件"面板中"超级键"视频效果下的 按钮，并单击"节目"面板中"图像素材2.jpg"素材的背景（吸取蓝色），以此抠取人物，如图6-41所示。

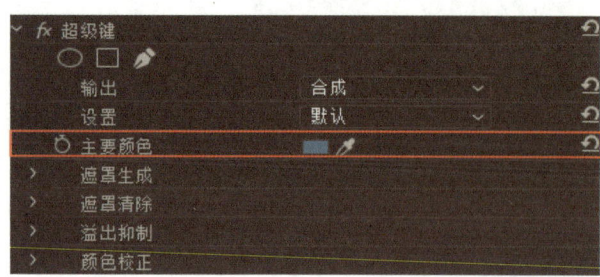

图6-41　抠取人物

（8）首先将"文字素材.png"素材拖至"时间轴"面板的V3视频轨道中，使其入点和出点分别与"图像素材1.jpg"素材的入点和出点对齐；然后在"效果控件"面板中设置其位置值，如图6-42所示。

图6-42　添加"文字素材.png"素材并调整其位置

（9）参照图6-43在素材之间及素材入点应用视频过渡。

图6-43　应用视频过渡

（10）将"音乐.mp3"素材拖至"时间轴"面板的A1音频轨道中，并剪掉音频素材超出视频素材和图像素材的部分。

（11）首先预览视频效果，然后导出格式为MP4的视频，最后保存项目文件并关闭软件。

项目考核

1. 选择题

（1）在 Premiere Pro 中，以下有关蒙版的描述正确的是（　　）。

  A．使用蒙版可以对视频局部进行调色

  B．使用蒙版可以对视频局部进行模糊处理

  C．使用蒙版可以制作图像合成效果

  D．以上说法均正确

（2）Premiere Pro 中的蒙版工具不包括（　　）。

  A．"钢笔工具"按钮

  B．"创建椭圆形蒙版"按钮

  C．"创建 4 点多边形蒙版"按钮

  D．"自由绘制贝塞尔曲线"按钮

（3）在 Premiere Pro 中编辑蒙版时，按住（　　）键的同时单击锚点可删除锚点。

  A．"Alt"　　　　　　　　　　　　B．"Ctrl"

  C．"Shift"　　　　　　　　　　　 D．"Tab"

（4）在 Premiere Pro 中，以下不属于遮罩类键控视频效果的是（　　）。

  A．图像遮罩键　　　　　　　　　B．Alpha 调整

  C．差值遮罩　　　　　　　　　　D．轨道遮罩键

2. 操作题

利用本书配套素材"素材与实例"/"项目六"/"项目考核"文件夹中的素材制作如图 6-44 所示的宠物店广告片。

图 6-44　宠物店广告片截图

提示：

（1）启动 Premiere Pro，新建一个名为"宠物店广告片"的项目。

（2）导入本书配套素材"素材与实例"/"项目六"/"项目考核"文件夹中的素材文件，将"小狗.mp4"和"小猫.mp4"素材同时选中并拖至"时间轴"面板中。

（3）首先在"时间轴"面板中将"小猫.mp4"素材复制一份到 V2 视频轨道中，并使其入点和出点分别与原"小猫.mp4"素材的入点和出点对齐；然后参照图 6-45 使用"效果控件"面板中"不透明度"固定视频效果下的"自由绘制贝塞尔曲线"按钮 为复制的"小猫.mp4"素材创建蒙版。

图 6-45　为复制的"小猫.mp4"素材创建蒙版

（4）参照图 6-46，调整复制的"小猫.mp4"素材的位置，并设置其蒙版属性，以除去地板上的污渍。

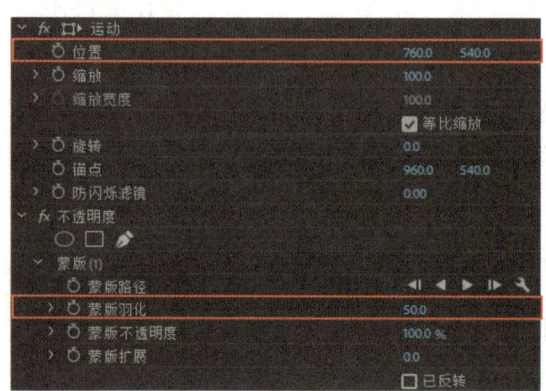

图 6-46　复制的"小猫.mp4"素材的蒙版设置

（5）参照图 6-47，将"背景.jpg""文字.png"和"图标.jpg"素材依次拖至"时间轴"面板中。

（6）选中"图标.jpg"素材，使用"效果控件"面板中"不透明度"固定视频效果下的"创建 4 点多边形蒙版"按钮 为其创建蒙版（只保留青色宠物脚印，需要提前在"节目"面板中将该素材适当右移）。使用"效果"面板"视频效果"文件夹中"键控"分类下的"颜色键"视频效果为其去除背景，如图 6-48 所示。

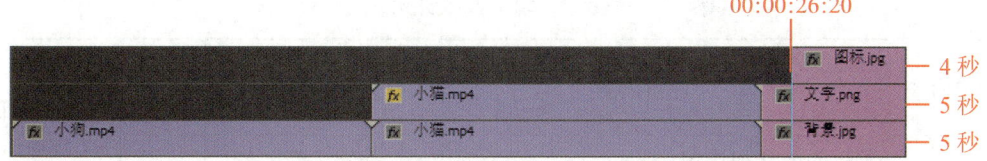

图 6-47 添加"背景 .jpg""文字 .png"和"图标 .jpg"素材后的"时间轴"面板效果

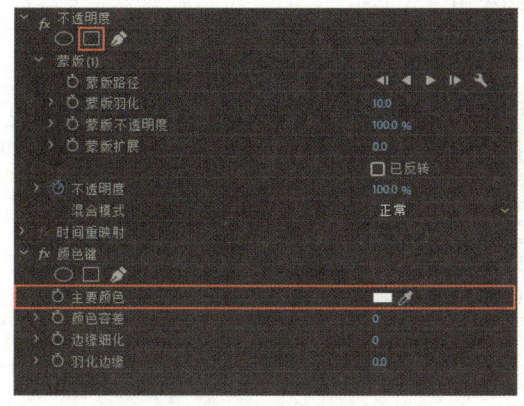

图 6-48 "图标 .jpg"素材设置

（7）参照图 6-49 调整"图标 .jpg"素材的位置和大小，并为其入点应用"效果"面板"视频过渡"文件夹中"缩放"分类下的"交叉缩放"视频过渡。

图 6-49 "图标 .jpg"素材设置

（8）将"音乐 .mp3"素材拖至"时间轴"面板的 A1 音频轨道中，使其入点位于第 0 帧，并剪掉音频素材超出视频素材和图像素材的部分。
（9）首先预览视频效果，然后导出格式为 MP4 的视频。
（10）保存项目文件并关闭软件。

完成所有学习任务之后，请按照以下要求完成项目评价。

全班同学每 5 人一组，各组成员结合课前、课中和课后的学习情况，以及项目实训和项目考核的完成情况，按照表 6-1 中的评价标准对本项目的学习效果进行自评和互评（小组组内成员互相打分），并请教师进行总体评价。

表 6-1　学习效果评价表

评价项目	评价内容	分值	评价分数		
			自评	互评	师评
知识 （40%）	蒙版的概念和作用	5 分			
	蒙版和蒙版跟踪的使用方法	15 分			
	抠像的概念和作用	5 分			
	使用键控类视频效果抠像的方法	15 分			
技能 （40%）	灵活使用蒙版编辑视频	20 分			
	灵活使用键控类视频效果抠像	20 分			
素养 （20%）	勤于思考，善于沟通、协作	5 分			
	按时、积极参加各项活动	5 分			
	高质量地完成课堂练习、课后作业	5 分			
	具备良好的学习态度	5 分			
合计		100 分			
总评	自评（20%）+ 互评（20%）+ 师评（60%）=	综合等级：	指导教师（签名）：		

注：综合等级可以"优"（总评得分≥90 分）、"良"（80 分≤总评得分＜90 分）、"中"（60 分≤总评得分＜80 分）、"差"（总评得分＜60 分）为标准进行评价。

项目七

调 色

项目导读

在视频编辑中,调色是一个至关重要的环节,它包括调整画面的亮度、对比度和颜色等方面。通过调色,不仅可以修复素材中存在的颜色瑕疵(如提亮画面、校正画面偏色等),还可以丰富画面的色彩,赋予视频作品独特的风格,使其更加生动、引人注目。本项目将介绍色彩的基础知识,以及在 Premiere Pro 中对视频进行调色的方法。

学习目标

知识目标
- ▶ 了解色彩三要素与常用颜色模式。
- ▶ 掌握使用视频效果调色的方法。
- ▶ 认识"Lumetri 范围"面板。
- ▶ 掌握使用"Lumetri 颜色"面板调色的方法。

能力目标
- ▶ 能够根据实际需求对视频进行调色。

素质目标
- ▶ 探究美学原理,观摩优秀作品,树立正确的审美观念。
- ▶ 不断摸索钻研,运用调色塑造独特的视觉风格,为视频作品注入个性与创意。

任务一　使用视频效果调色

任务描述

本任务首先介绍色彩的基础知识及调色常用视频效果，然后利用这些知识制作怀旧老电影效果，如图7-1所示。

图7-1　怀旧老电影效果截图

一　色彩基础

很多时候，为了提升视频画面的质感，使其看起来更加饱满、丰富多彩，会对视频进行调色。不过，在学习调色之前，需要了解一些色彩的基础知识。

1. 色彩三要素

色彩具有色相、饱和度和明度3种基本属性，在色彩学中称为色彩三要素。

（1）**色相**：色彩的相貌，是色彩的首要特征，也是区别不同色彩的最明显的标准，可以将其理解为色彩的名称或种类，如红、橙、黄、绿、青、蓝、紫等颜色。例如，在图7-2中，左图人物的衣服为红色，右图人物的衣服为黄色，而造成这一结果的本质就是色相的不同。

（2）**饱和度**：色彩的鲜艳程度，也称纯度。饱和度的高低取决于该颜色中主色和杂色的比例，主色占比越大，饱和度越高，色彩越鲜艳；反之，饱和度越低，色彩越暗淡。例如，在图7-3中，左图花朵的饱和度高，右图花朵的饱和度低。

图 7-2　色相

图 7-3　饱和度

（3）**明度**：色彩的深浅、明暗程度。造成色彩明度不同的情况主要有两种：一是饱和度相同，不同色相之间存在明度差异，如黄色比橙色亮、橙色比红色亮、红色比紫色亮；二是色相、饱和度相同，因不同强度的光线照射，使色彩产生不同的明暗变化，如深蓝色明度低，浅蓝色明度高。例如，在图 7-4 中，左图明度低，右图明度高。

图 7-4　明度

2. 颜色模式

颜色模式是指将颜色信息转换为数值，以便计算机存储和处理的方式。在 Premiere Pro 中，常用的颜色模式包括 RGB 颜色模式、HSL 颜色模式和灰度模式。

（1）**RGB 颜色模式**：一种加色模式，通过红（R）、绿（G）、蓝（B）3 种颜色的叠加得到各种各样的颜色，如图 7-5 所示。在 RGB 颜色模式下，每种颜色的取值范围为 0~255，通过 3 种不同强度的颜色叠加，可以得到约 1678 万种颜色，以模拟自然界中的各种颜色。在 Premiere Pro 中，可以通过调整红、绿、蓝 3 个通道的数值来调色。

图 7-5　RGB 颜色模式

（2）**HSL 颜色模式**：通过色相（H）、饱和度（S）、亮度（L）3 个通道的叠加得到各种各样的颜色。在 HSL 颜色模式下，色相的取值范围为 0°～360°，饱和度的取值范围为 0%～100%，亮度的取值范围为 0%～100%。在 Premiere Pro 中，用户可以通过调整色相、饱和度、亮度 3 个通道的数值来调色。

（3）**灰度模式**：一种无色模式，包含白色、黑色及一系列灰色，能够充分表现图像的明暗信息。在该模式下，灰度有 256 个级别，其中 0 代表黑色，255 代表白色。将彩色图像转换为灰度模式后，图像中的色彩信息会被清除。

二 调色常用视频效果

在 Premiere Pro 中，"效果"面板"视频效果"文件夹中"图像控制""调整""过时"和"颜色校正"等分类下的视频效果常用于调色。下面介绍几个典型的用于调色的视频效果。

1. 亮度与对比度

使用"颜色校正"分类下的"亮度与对比度"视频效果可以调整画面的亮度和对比度，调色前后的画面效果如图 7-6 所示。

图 7-6　使用"亮度与对比度"视频效果调色

2. RGB 曲线

使用"过时"分类下的"RGB 曲线"视频效果可以调整画面的亮度和色调（用来描

述画面色彩的总体倾向或基调），调色前后的画面效果如图 7-7 所示。其中，"主要"曲线用于调整亮度；"红色""绿色"和"蓝色"曲线用于调整色调。

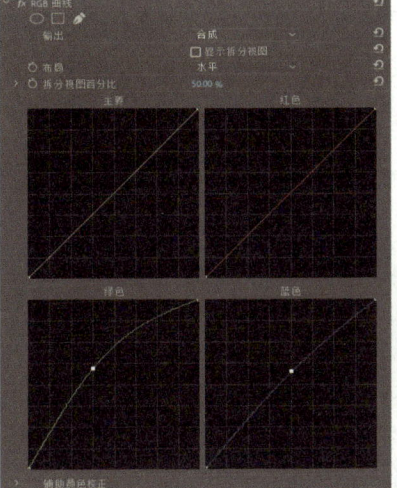

图 7-7 使用"RGB 曲线"视频效果调色

3. 快速颜色校正器

使用"过时"分类下的"快速颜色校正器"视频效果可以对偏色的素材进行色彩校正，调色前后的画面效果如图 7-8 所示。

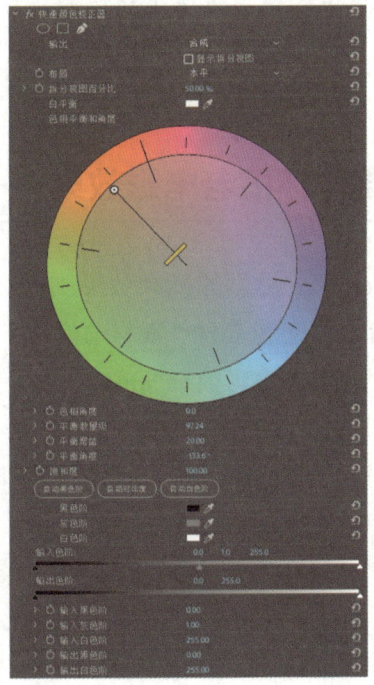

图 7-8 使用"快速颜色校正器"视频效果调色

4. 色阶

使用"调整"分类下的"色阶"视频效果可以调整画面的亮度、对比度和色彩饱和度，调色前后的画面效果如图 7-9 所示。

图 7-9　使用"色阶"视频效果调色

> **提示**
>
> 大多数用于调色的视频效果的使用方法是相似的，用户可以自行尝试使用其他视频效果调色。

任务实施——制作怀旧老电影效果

本任务实施将使用 Premiere Pro 提供的视频效果制作怀旧老电影效果。案例最终效果可参考本书配套素材"素材与实例"/"项目七"/"任务一"文件夹中的"怀旧老电影效果.mp4"文件。

制作怀旧老电影效果

步骤 1 启动 Premiere Pro，新建一个名为"怀旧老电影效果"的项目。

步骤 2 导入本书配套素材"素材与实例"/"项目七"/"任务一"文件夹中的"素材.mp4"素材，并将其拖至"时间轴"面板中。

步骤 3 将"效果"面板"视频效果"文件夹中"图像控制"分类下的"黑白"视频效果拖至"时间轴"面板中的"素材.mp4"素材上，使"素材.mp4"素材由彩色转换为黑白，效果如图 7-10 所示。

项目七 调 色

图 7-10 为"素材 .mp4"素材添加"黑白"视频效果后的画面效果

步骤④ 将"效果"面板"视频效果"文件夹中"颜色校正"分类下的"颜色平衡"视频效果拖至"素材 .mp4"素材上,并在"效果控件"面板中设置"颜色平衡"视频效果的属性,使"素材 .mp4"素材画面调整为怀旧老电影色调,如图 7-11 所示。

图 7-11 为"素材 .mp4"素材添加"颜色平衡"视频效果

步骤⑤ 将"效果"面板"视频效果"文件夹中"颜色校正"分类下的"亮度与对比度"视频效果拖至"素材 .mp4"素材上,并在"效果控件"面板中设置"亮度与对比度"视频效果的属性,使"素材 .mp4"素材画面提亮,如图 7-12 所示。

图 7-12 为"素材 .mp4"素材添加"亮度与对比度"视频效果

步骤⑥ 首先预览视频效果,然后参照图 7-13 中的参数设置(其他参数保持默认)导出视频,最后保存项目文件并关闭软件。

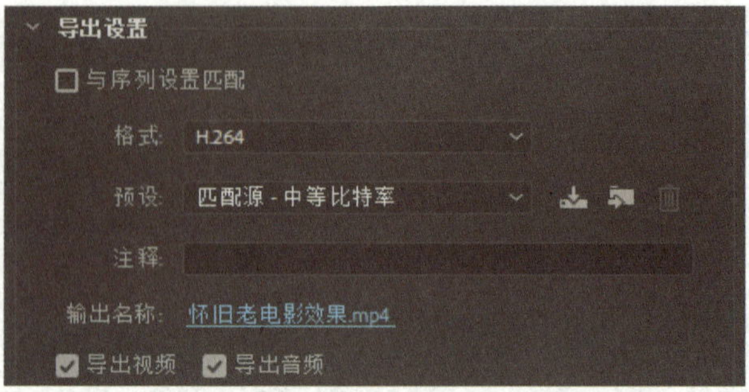

图 7-13 导出设置

拓展阅读

颜色是人类感知世界的重要途径，能够跨越种族、语言等各种障碍。中国传统颜色里积淀着我们的文化传统。2023 年 11 月，传统文化纪录片《了不起的中国颜色》正式播出，该纪录片以胭脂、月白、石青、黛色、松花黄五种颜色为切入点，以小见大地讲述中国传统颜色的起源和传承，解析其中的技艺工艺和审美观念，让人们了解颜色背后的历史和文化。该纪录片上线以来，引来无数关注。

月白含蓄，黛色柔和而坚韧，石青让人想起山河家国。作品将这些颜色的特质一一道来，通过历史故事的演绎、专家学者的介绍、制作工艺的展示等，多角度诠释颜色内涵。颜色的故事也折射时代变迁。胭脂红瓷器走入寻常百姓家，松花黄所代表的植物染在世界各地大放异彩……今人通过复原、改良、创新，将古老工艺融入现代生活，将传统文化变为时尚潮流。有关传统颜色的转化创新故事还在继续，让我们可以不断透过斑斓色彩感受跨越古今的中华美学魅力。

任务二　使用 Lumetri 调色

任务描述

本任务首先介绍"Lumetri 范围"面板和"Lumetri 颜色"面板，然后利用这些知识制作小清新色调效果，效果如图 7-14 所示。

图 7-14　小清新色调效果截图

一、"Lumetri 范围"面板

Premiere Pro 提供了"Lumetri 范围"面板（选择"窗口"/"Lumetri 范围"选项可将其打开），该面板包括矢量示波器 YUV、直方图、分量和波形等辅助调色工具（在面板中单击鼠标右键，在弹出的快捷菜单中选择相应选项可打开或关闭相应工具），用于查看素材的颜色信息，如图 7-15 所示。下面分别介绍这些工具的作用。

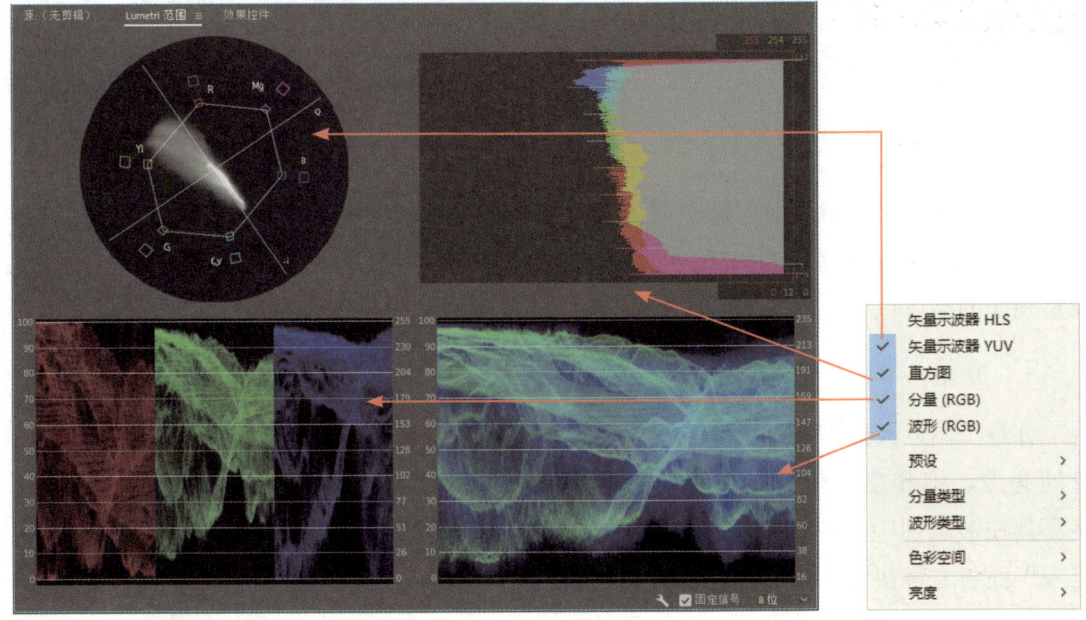

图 7-15　"Lumetri 范围"面板的辅助调色工具及右键快捷菜单

1. 矢量示波器 YUV

矢量示波器 YUV 用于查看素材画面的色相、饱和度等信息，并为饱和度提供了安全监测范围（六边形内为饱和度的安全范围）。六边形的每个角代表一种颜色（R 代表红色、G 代表绿色、B 代表蓝色、Cy 代表青色、Mg 代表洋红色、Yl 代表黄色），六边形的内部区域代表不同颜色之间的混合；十字中心附近的密集点（如同烟雾）代表素材画面中颜色信息的分布情况。

使用该工具观察素材画面的颜色信息时，可以从以下几点入手。

（1）**了解素材画面的色调**。观察六边形的各个角，如果某个角特别突出或与其他角有明显差异，可能代表该角对应的颜色在素材画面中占据主导地位。

（2）**了解素材画面的饱和度信息**。圆形中的密集点越靠近六边形中心，饱和度越低；越靠近六边形边缘，饱和度越高；若超出六边形，代表素材画面的饱和度过高，需要调整。

（3）**了解素材画面的颜色分布**。如果圆形中的密集点分布均匀，表示素材画面中的颜色过渡自然；反之，表示素材画面中的颜色过渡不自然，需要调整。

（4）**了解素材画面的色彩平衡情况**。通过观察六边形的整体形状和密集点的分布情况，可判断素材画面的色彩是否平衡，如果不平衡，则需要调整。

（5）**了解素材画面是否出现颜色异常**。观察圆形中密集点的分布是否存在异常区域或线条（代表素材画面有颜色偏差），如果存在，则需要调整。

> **知识库**
>
> 矢量示波器 HLS 与矢量示波器 YUV 相似，也用于查看素材画面的色相、饱和度信息，此外，它还更加直观地显示了亮度和信号信息。

2. 直方图

直方图显示了素材画面中每个颜色强度级别上像素的密集程度，使用该工具可以查看画面中阴影、中间调和高光的颜色分布信息（下方为阴影部分，上方为高光部分），以便调整画面的整体色调。

3. 分量

分量工具以波形图的形式分别显示不同分量的亮度、饱和度等信息（画面中的像素越亮，其在波形图中的位置越高）。在"Lumetri 范围"面板右键快捷菜单的"分量类型"选项下可以选择分量的类型，如图 7-16 所示。其

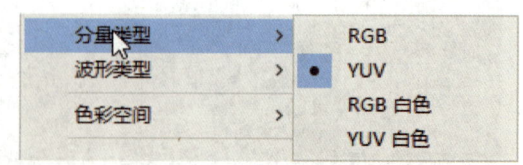

图 7-16　选择分量类型

中,"YUV"分量可以显示素材画面的色彩和亮度信息;"RGB"分量可以分别显示素材画面中红色、绿色、蓝色的亮度信息及它们之间的关系等。

4. 波形

波形工具显示了素材画面中色彩、明度、对比度等信息。在"Lumetri 范围"面板右键快捷菜单的"波形类型"选项下可以选择波形的类型,如图 7-17 所示。其中,"RGB"波形可以显示素材画面中所有颜色通道的信号级

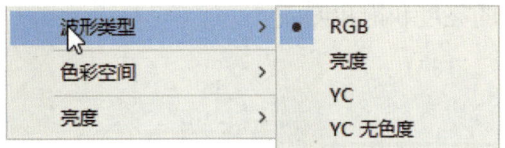

图 7-17 选择波形类型

别;"亮度"波形可以显示素材画面中的亮度和对比度;"YC"波形可以显示素材画面中的亮度(在波形中表示为绿色)和色度(用来描述颜色的色调和饱和度,在波形中表示为蓝色)值;"YC 无色度"波形可以显示素材画面中的亮度值。需要注意的是,波形中像素的水平位置与素材画面中的水平位置相对应。

 提 示

在"Lumetri 范围"面板右键快捷菜单的"预设"选项下,可以选择更多辅助调色工具。

二、"Lumetri 颜色"面板

了解完如何使用"Lumetri 范围"面板查看素材的相关颜色信息,下面学习如何使用"Lumetri 颜色"面板(选择"窗口"/"Lumetri 颜色"选项可将其打开)对素材进行调色。该面板包括基本校正、创意、曲线、色轮和匹配、HSL 辅助及晕影工具(见图 7-18),下面分别介绍这些工具的作用。

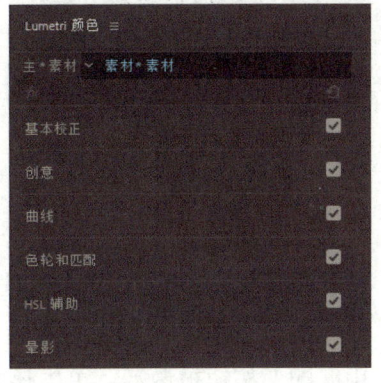

图 7-18 "Lumetri 颜色"面板

1. 基本校正

使用基本校正工具(见图 7-19)可以调整素材画面的颜色和亮度等,从而校正过暗、过亮及偏色的画面。此外,在"输入 LUT"列表中选择预设可以对素材画面进行快速调色。

2. 创意

使用创意工具(见图 7-20)可以进一步调整素材画面的颜色,以实现创意效果。此

外，在"Look"列表中选择创意预设可以对素材画面进行快速调色。

3. 曲线

使用曲线工具（见图 7-21）可以调整素材画面的颜色和亮度，并且可以调整指定颜色的亮度和饱和度。

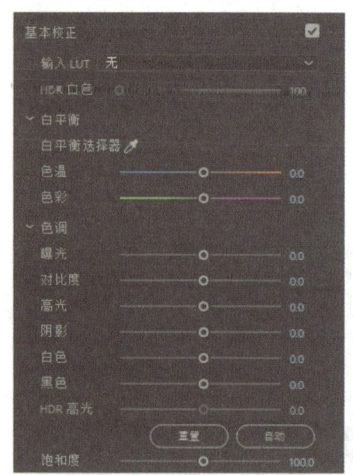

图 7-19　基本校正工具

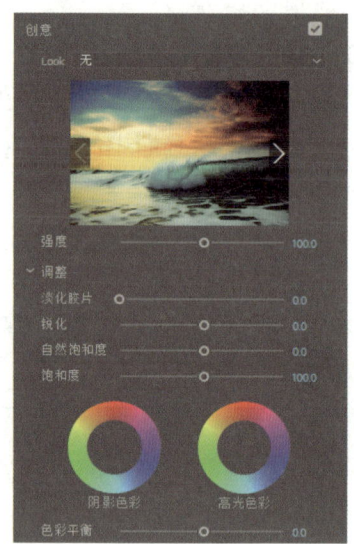

图 7-20　创意工具

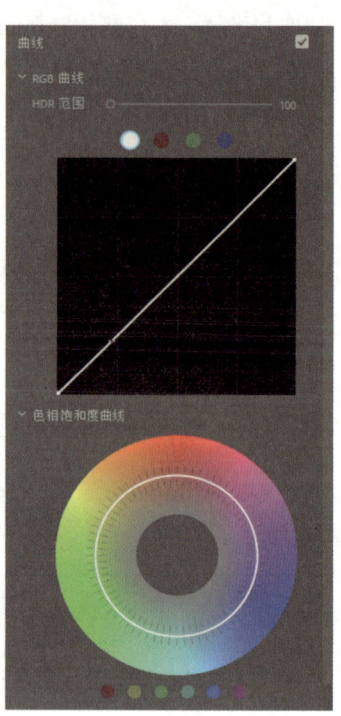

图 7-21　曲线工具

4. 色轮和匹配

使用色轮和匹配工具（见图 7-22）可以精准调整素材画面中的阴影、中间调和高光，从而调整素材画面的亮度和对比度。此外，单击"比较视图"按钮后，"节目"面板中会显示比较视图（左侧为参考帧画面，右侧为当前帧画面），同时色轮和匹配工具下的"应用匹配"按钮被激活，单击该按钮可以自动匹配当前帧画面和参考帧画面的颜色。

5. HSL 辅助

使用 HSL 辅助工具（见图 7-23）可以对素材画面中的特定颜色进行调整。例如，在一幅蓝天草地画面中，用户可以使用 HSL 辅助工具让蓝天变得更蓝而不影响草地的颜色。

6. 晕影

晕影是指画面边缘模糊或柔化的效果。使用晕影工具（见图 7-24）可以调整素材画面边缘的亮度，从而使画面中心成为焦点。

项目七 调色

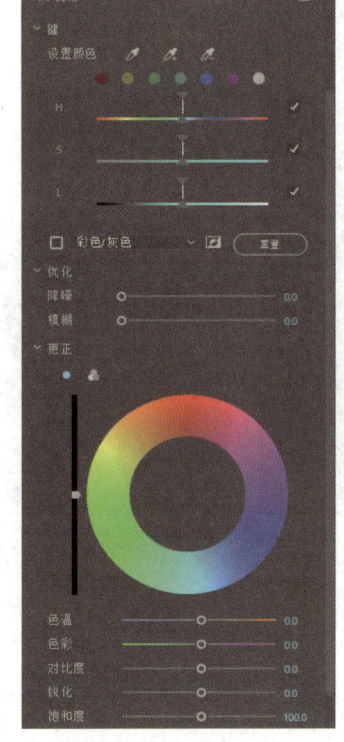

图 7-22　色轮和匹配工具　　　图 7-23　HSL 辅助工具　　　图 7-24　晕影工具

> **提　示**
> "效果"面板中"Lumetri 颜色"视频效果的作用和属性设置与"Lumetri 颜色"面板是相同的,因此,用户也可以使用该视频效果调色。

——制作小清新色调效果

本任务实施将使用 Premiere Pro 提供的 Lumetri 调色功能制作小清新色调效果。案例最终效果可参考本书配套素材"素材与实例"/"项目七"/"任务二"文件夹中的"小清新色调.mp4"文件。

步骤❶ 启动 Premiere Pro,新建一个名为"小清新色调"的项目。

步骤❷ 导入本书配套素材"素材与实例"/"项目七"/"任务二"文件夹中的"素材.mp4"素材,并将其拖至"时间轴"面板中。

制作小清新色调效果

步骤❸ 选择"窗口"/"Lumetri 颜色"选项,打开"Lumetri 颜色"面板。在"Lumetri 颜色"面板的基本校正工具下设置参数,使"素材.mp4"素材画面的色调偏青色,如图 7-25 所示。

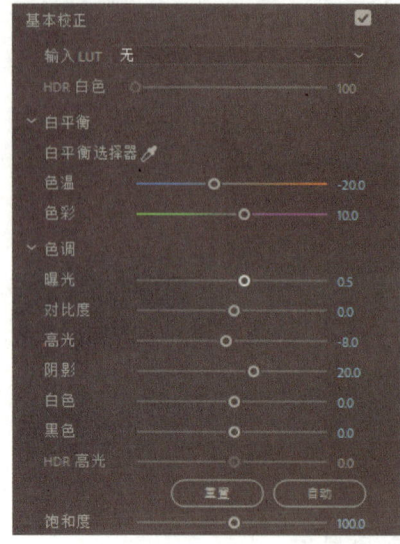

图 7-25　使用基本校正工具调色

> **提示**
>
> 用户可先打开"Lumetri 范围"面板，再在"Lumetri 颜色"面板中边设置参数边观察调整效果，以防过度调色。

步骤④ 在"Lumetri 颜色"面板的曲线工具下设置参数，使"素材.mp4"素材画面中的青色和绿色增强，如图 7-26 所示。

图 7-26　使用曲线工具调色

步骤❺ 在"Lumetri 颜色"面板的色轮和匹配工具下设置参数,提亮"素材.mp4"素材画面,使画面风格更加清新,如图 7-27 所示。

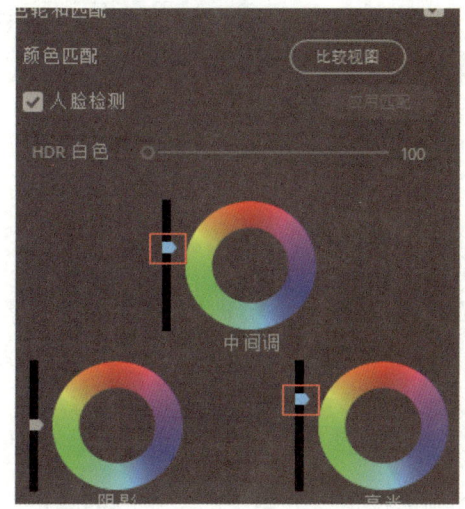

图 7-27　使用色轮和匹配工具调色

步骤❻ 首先预览视频效果,然后参照图 7-28 中的参数设置(其他参数保持默认)导出视频,最后保存项目文件并关闭软件。

图 7-28　导出设置

项目实训

1. 实训内容

本实训利用前面所学知识制作产品宣传短片,效果如图 7-29 所示。视频最终效果可参考本书配套素材"素材与实例"/"项目七"/"项目实训"文件夹中的"产品宣传短片.mp4"文件。

图 7-29　产品宣传短片截图

2. 操作提示

（1）启动 Premiere Pro，新建一个名为"产品宣传短片"的项目。

（2）导入本书配套素材"素材与实例"/"项目七"/"项目实训"文件夹中的素材文件。

（3）将"女包 .jpg"素材拖至"时间轴"面板中，设置其持续时间为 5 秒，复制一份"女包 .jpg"素材，并使其接排原"女包 .jpg"素材。

（4）将"效果"面板"视频效果"文件夹中"颜色校正"分类下的"更改为颜色"视频效果拖至复制的"女包 .jpg"素材上，并在"效果控件"面板中设置"更改为颜色"视频效果的属性，如图 7-30 所示。

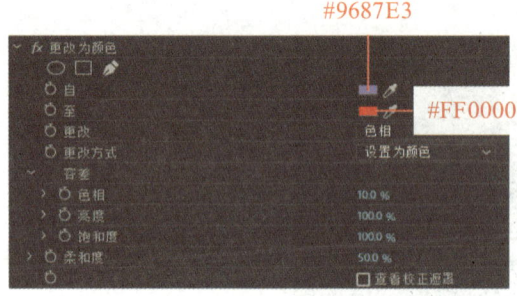

图 7-30　为复制的"女包 .jpg"素材添加"更改为颜色"视频效果

（5）参照上述方法再复制一份"女包 .jpg"素材（接排之前的素材），并为其添加"更改为颜色"视频效果，如图 7-31 所示。

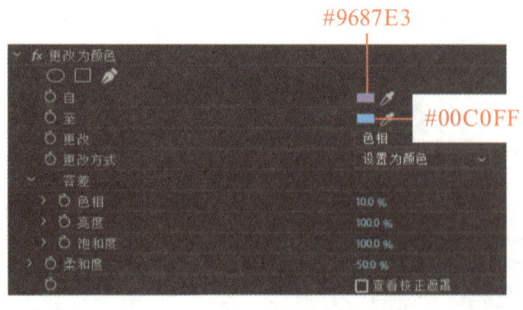

图 7-31　为再次复制的"女包 .jpg"素材添加"更改为颜色"视频效果

（6）新建一个调整图层（参数保持默认），将其拖至"时间轴"面板的 V2 视频轨道中，并使其时长与所有图像素材的总时长相等。将"过时"分类下的"亮度曲线"视频效果拖至调整图层上，并在"效果控件"面板中设置"亮度曲线"视频效果的属性，提亮所有素材画面，如图 7-32 所示。

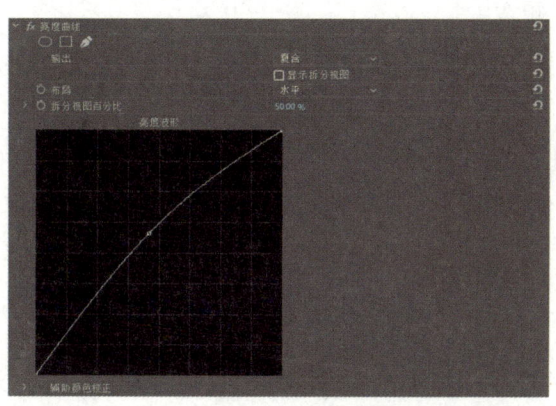

图 7-32 "亮度曲线"视频效果的属性设置

（7）将"文字 .png"素材拖至"时间轴"面板的 V1 视频轨道中，使其接排第二次复制的"女包 .jpg"素材，设置其持续时间为 5 秒。在所有图像素材之间应用"效果"面板"视频过渡"文件夹中"溶解"分类下的"黑场过渡"视频过渡，如图 7-33 所示。

图 7-33 应用"黑场过渡"视频过渡后的"时间轴"面板效果

（8）将"音乐 .mp3"素材拖至"时间轴"面板的 A1 音频轨道中，使其入点位于第 0 帧，并剪掉音频素材超出图像素材的部分。

（9）首先预览视频效果，然后导出格式为 MP4 的视频，最后保存项目文件并关闭软件。

项目考核

1. 选择题

（1）下列不属于色彩三要素的是（　　）。

　　A．色相　　　　　　　　　　　　B．饱和度

　　C．明度　　　　　　　　　　　　D．清晰度

（2）（　　）能够充分表现图像的明暗信息。

　　A．灰度模式　　　　　　　　　　B．HSL 颜色模式

　　C．RGB 颜色模式　　　　　　　　D．以上均可

（3）在 Premiere Pro 中，（　　）工具用于查看素材画面的色相、饱和度等信息，并为饱和度提供了安全监测范围。

　　A．直方图　　　　　　　　　　　B．矢量示波器 YUV

　　C．分量　　　　　　　　　　　　D．波形

（4）在 Premiere Pro 中，以下属于"Lumetri 颜色"面板的工具的是（　　）。

　　A．基本校正工具　　　　　　　　B．创意工具

　　C．曲线工具　　　　　　　　　　D．以上均是

2．操作题

利用本书配套素材"素材与实例"/"项目七"/"项目考核"文件夹中的素材制作如图 7-34 所示的水墨画效果。

图 7-34　水墨画效果截图

提示：

（1）启动 Premiere Pro，新建一个名为"水墨画效果"的项目。

（2）导入本书配套素材"素材与实例"/"项目七"/"项目考核"文件夹中的"荷花.jpg"素材，并将其拖至"时间轴"面板中。

（3）为"荷花.jpg"素材添加"效果"面板"视频效果"文件夹中"图像控制"分类下的"黑白"视频效果。

（4）为"荷花.jpg"素材添加"效果"面板"视频效果"文件夹中"风格化"分类下的"查找边缘"视频效果，并在"效果控件"面板中设置"查找边缘"视频效果的属性，如图 7-35 所示。

（5）为"荷花.jpg"素材添加"效果"面板"视频效果"文件夹中"调整"分类下的"色阶"视频效果，并在"效果控件"面板中设置"色阶"视频效果的属性（其他属性保持默认），如图 7-36 所示。

图 7-35 "查找边缘"视频效果的属性设置
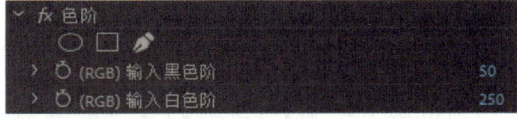
图 7-36 "色阶"视频效果的属性设置

（6）在"Lumetri 颜色"面板的基本校正工具下设置参数，如图 7-37 所示。

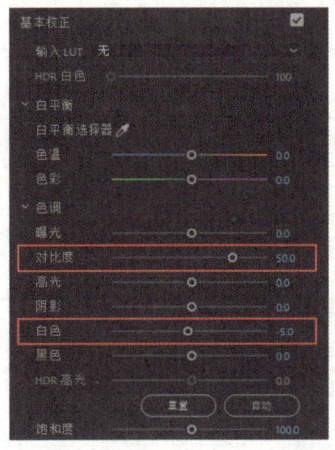

图 7-37 基本校正工具的参数设置

（7）首先导出格式为 MP4 的视频，然后保存项目文件并关闭软件。

完成所有学习任务之后，请按照以下要求完成项目评价。

全班同学每 5 人一组，各组成员结合课前、课中和课后的学习情况，以及项目实训和项目考核的完成情况，按照表 7-1 中的评价标准对本项目的学习效果进行自评和互评（小组组内成员互相打分），并请教师进行总体评价。

表 7-1 学习效果评价表

评价项目	评价内容	分值	评价分数		
			自评	互评	师评
知识（50%）	色彩的基础知识	5 分			
	使用视频效果调色的方法	15 分			
	"Lumetri 范围"面板中工具的作用	15 分			
	使用"Lumetri 颜色"面板调色的方法	15 分			

表 7-1（续）

评价项目	评价内容	分值	评价分数		
			自评	互评	师评
技能 （30%）	根据实际需求对视频进行调色	30 分			
素养 （20%）	勤于思考，善于沟通、协作	5 分			
	按时、积极参加各项活动	5 分			
	高质量地完成课堂练习、课后作业	5 分			
	具备良好的学习态度	5 分			
合计		100 分			
总评	自评（20%）+ 互评（20%）+ 师评（60%）=	综合等级：	指导教师（签名）：		

注：综合等级可以"优"（总评得分≥90 分）、"良"（80 分≤总评得分＜90 分）、"中"（60 分≤总评得分＜80 分）、"差"（总评得分＜60 分）为标准进行评价。

项目八

音频编辑

项目导读

在后期编辑视频作品的过程中，通常需要添加合适的背景音乐和特殊音效等，从而使视频作品更加精彩、完善或符合创作意图。Premiere Pro 提供了高效、便捷的音频编辑功能，让用户可以根据具体需要用它轻松处理视频作品中的音频，包括为音频添加各种效果、在不同音频之间添加音频过渡等，以更好地满足场景需求。本项目将介绍处理音频，以及应用音频效果和音频过渡的方法。

学习目标

知识目标
- ▶ 了解不同类型音频轨道的作用和添加方法。
- ▶ 掌握设置音频素材的声道和音量的方法。
- ▶ 掌握使用"音轨混合器"面板处理音频的方法。
- ▶ 掌握添加音频效果和音频过渡的方法。
- ▶ 了解不同类型音频效果和音频过渡的特点。

能力目标
- ▶ 能够根据实际需求灵活处理音频。
- ▶ 能够根据实际需求灵活运用各种音频效果和音频过渡编辑音频。

素质目标
- ▶ 增强音乐感知力，领悟不同音乐所蕴含的情感和意境，提升所选音乐与视频内容的契合度。
- ▶ 多欣赏优秀的音乐作品，提高音乐鉴赏能力，为创作的视频作品增添更多的情感层次和表现力。

任务一　处理音频

任务描述

本任务首先介绍音频轨道的类型和添加方法，以及设置音频和使用"音轨混合器"面板处理音频的方法，然后利用这些知识制作超重低音效果，如图8-1所示。

图8-1　超重低音效果画面截图

一　音频轨道

在Premiere Pro中编辑音频时，一般会先将导入的音频素材添加到"时间轴"面板的音频轨道中。Premiere Pro提供了多种类型的音频轨道，用户可根据实际需要选择使用不同的音频轨道。在具体学习处理音频的方法之前，先了解一下不同类型音频轨道的作用和添加方法。

1. 音频轨道的类型

1）根据音频轨道的作用划分

根据音频轨道的作用，可将其分为普通音频轨道、子混合音频轨道和主声道音频轨道，如图8-2所示。

（1）**普通音频轨道**：用于组织不同的音频素材，包含实际的音频信息。

（2）**子混合音频轨道**：用于将同一序列中的普通音频轨道分组，便于集中设置。它不包含实际的音频信息（不能将音频素材添加到该类音频轨道中），需要用户将普通音频轨道中的信号发送到该类音频轨道中。

（3）**主声道音频轨道**：用于混合所有音频轨道的信号并重新分配输出。每个序列中只有一个主声道音频轨道。

图 8-2　普通音频轨道、子混合音频轨道和主声道音频轨道

2）根据音频轨道包含的声道划分

根据音频轨道包含的声道，可将其分为标准、单声道、立体声、自适应和 5.1 环绕声等类型。

（1）**标准**：可以同时容纳单声道和立体声的音频素材。

（2）**单声道**：只包含一个音频通道。它通过复制一个通道的声音使左声道和右声道播放同样的声音，或者仅通过一个通道播放声音。

（3）**立体声**：包含左、右两个声道。

（4）**自适应**：可以包含单声道、立体声和自适应的音频素材，适合处理通过可录制多个音频轨道的摄像机所录制的音频素材。

（5）**5.1 环绕声**：包含三个前置声道（左前置声道、中置声道、右前置声道），两个后置或环绕音频声道（左环绕声道和右环绕声道），以及一个低频效果（LFE）声道，可以极大地提升听觉体验，为观众带来更丰富、更动人的声音效果。

2. 添加音频轨道

添加音频轨道的方法与添加视频轨道相似，需要注意的是，在"添加轨道"对话框的"轨道类型"列表中可以选择要添加的音频轨道的类型，如图 8-3 所示。此外，右击音频轨道名称右侧的空白处，在弹出的快捷菜单中选择"添加音频子混合轨道"选项，可添加一个子混合音频轨道。

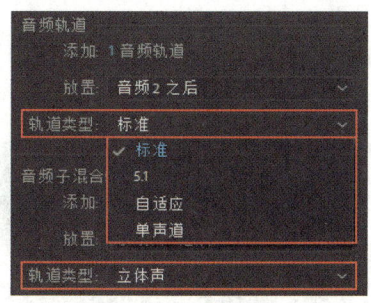

图 8-3　选择音频轨道的类型

> **提示**
>
> 一个序列中的主声道音频轨道的类型只能在新建该序列时设置（在"新建序列"对话框的"轨道"选项卡下设置，见图8-4），新建序列后无法更改。
>
>
>
> 图8-4 设置主声道音频轨道的类型

二 设置音频

在Premiere Pro中，可以设置音频素材的声道和音量，下面介绍具体的设置方法。

1. 设置音频素材的声道

将音频素材添加到"时间轴"面板的音频轨道之前，可以根据需要对其进行以下设置。

（1）**提取音频**。在"项目"面板中选中包含音频的素材，选择"剪辑"/"音频选项"/"提取音频"选项，可提取所选素材中的音频并添加到"项目"面板中。

（2）**分解为单声道**。在"项目"面板中选中包含多个声道的音频素材，选择"剪辑"/"音频选项"/"拆分为单声道"选项，可将所选素材中的音频拆分为两个或多个单声道并添加到"项目"面板中。

> **知识库**
>
> 要想预览或查看音频素材的波形和声道数等，可将音频素材载入"源"面板；要想在"时间轴"面板中查看音频素材的波形，可单击"时间轴显示设置"按钮，在展开的列表中选择"显示音频波形"选项。需要注意的是，将音频素材载入"源"面板或添加到音频轨道中，以及在"时间轴"面板中编辑音频素材的方法与视频素材基本相同。
>
> 帧是视频的基本测量单位，而对于音频来说，更适合使用毫秒或音频采样率来测量。要想显示音频的时间单位，可单击"时间轴"面板和"音轨混合器"面板名称右侧的 按钮，或者单击"源"面板和"节目"面板中的"设置"按钮，在展开的列表中选择"显示音频时间单位"选项。此时，右击时间码，在弹出的快捷菜单中可选择单位为毫秒或音频采样率，如图8-5所示。
>
>
>
> 图8-5 选择音频的时间单位

2. 设置音频素材的音量

在 Premiere Pro 中，可以通过调整音频增益和音量两种方法设置音频素材的音量。前者是调整音频素材的输入音量，后者是调整音频素材的输出音量，且两者的最终效果会进行整合。

1）调整音频增益

在制作视频作品时，经常需要将多个音频素材进行合成，为避免个别音频素材的声音过高或过低，可使用"音频增益"命令调整音频素材的音量。

要调整音频增益，可先在"项目"面板或"时间轴"面板中选中音频素材，然后选择"剪辑"/"音频选项"/"音频增益"选项或按"G"键，打开"音频增益"对话框（见图 8-6），在其中设置相关参数后单击"确定"按钮。

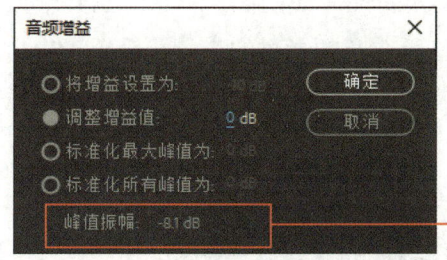

打开该对话框时，软件会自动计算所选音频的峰值振幅，设置音频增益时可以参考该值进行调整

图 8-6 "音频增益"对话框

"音频增益"对话框中各项参数的作用如下。

（1）**将增益设置为**：用于设置音频的绝对增益值（当该单选钮为未选中状态时，该项设置亦有效）。它的取值范围为 -96～96，其中正值表示增大音量，负值表示减小音量，0 表示音量保持不变。

（2）**调整增益值**：用于设置音频的相对增益值。当用户输入非零值时，"将增益设置为"的值会自动更新，以反映应用于音频的实际增益值。

（3）**标准化最大峰值为**：用于设置音频最大峰值振幅的绝对增益。例如，当所选音频的峰值振幅为 -8.1 时，该值需小于 -8.1 才会减小音频的峰值振幅。

（4）**标准化所有峰值为**：用于设置音频所有峰值振幅的绝对增益。

> **提示**
> 在"时间轴"面板中调整音频素材的音频增益时，不会影响源素材；在"项目"面板中调整音频素材的音频增益时，不会影响已添加到"时间轴"面板中的素材。

2）调整音频音量

在 Premiere Pro 中，可以通过"时间轴"面板和"效果控件"面板调整音频素材的音量，具体的调整方法如下。

中文版 Premiere Pro 视频编辑案例精讲

(1) **在"时间轴"面板中调整音量**。展开音频轨道,并在"时间轴显示设置"列表中选择"显示音频关键帧"选项,使该选项处于选中状态,此时音频素材中会显示一条直线(音量指示线),将鼠标指针移至音量指示线上,当鼠标指针呈形状时上下拖动鼠标,可调整音量大小,如图 8-7 所示。

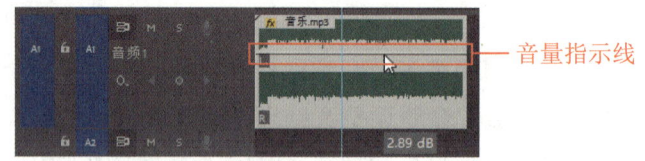

图 8-7　拖动音量指示线

(2) **在"效果控件"面板中调整音量**。在"时间轴"面板中选中音频素材后,会在"效果控件"面板中显示固定音频效果及其属性,如图 8-8 所示。在其中设置"音量"固定音频效果下的"级别"属性值,可调整所选音频素材的音量;设置"声道音量"固定音频效果下的"左"和"右"属性值,可调整所选音频素材中各个声道的音量(当所选音频素材为单声道时,不显示该音频效果)。

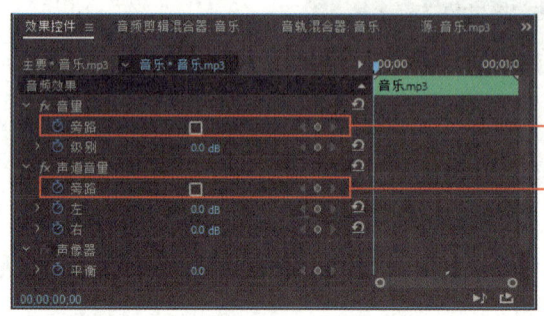

图 8-8　"效果控件"面板中的固定音频效果及其属性

需要注意的是,"效果控件"面板中固定音频效果下属性左侧的按钮默认为开启状态(显示为蓝色),因此调整属性值时会自动为该属性添加关键帧。当属性中只有一个关键帧时,对该关键帧所做的修改会应用到整个属性中。

知识库

要想制作声音忽高忽低的音频效果,可以通过在"时间轴"面板或"效果控件"面板中添加多个关键帧并分别设置关键帧处的音量来实现。

选择"窗口"/"音频仪表"选项,可打开"音频仪表"面板。在播放音频时,可以在该面板中实时查看音频素材的音量,如图 8-9 所示。

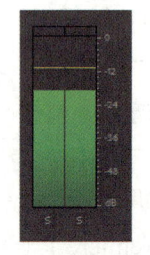

图 8-9　"音频仪表"面板

三 使用"音轨混合器"面板处理音频

"音轨混合器"面板由许多音频轨道控制器和播放控制器等组成,如图 8-10 所示。

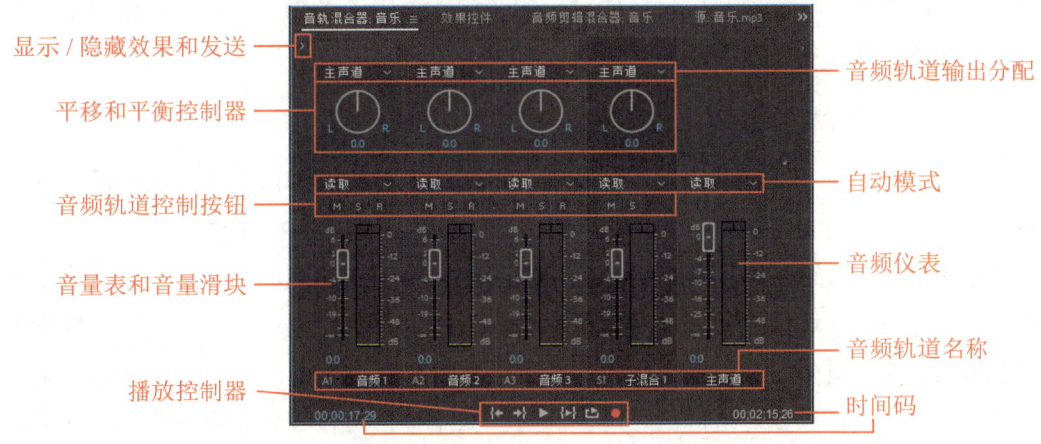

图 8-10 "音轨混合器"面板

"音轨混合器"面板中的音频轨道与"时间轴"面板中的音频轨道一一对应,当在"时间轴"面板中添加、删除或重命名音频轨道时,"音轨混合器"面板中的音频轨道会自动调整。"音轨混合器"面板的常用功能和操作方法如下。

1. 自动模式

自动模式可以使用户边播放音频边对音频轨道进行音量调整、平移或平衡音频轨道等,以及设置是否将操作结果记录到相应的音频轨道中。要设置音频轨道的自动模式,可在其对应的"自动模式"列表(见图 8-11)中选择相应选项,其中各选项的作用如下。

图 8-11 "自动模式"列表

(1)"关"自动模式:将忽略播放音频期间对音频轨道的任何设置。

(2)"读取"自动模式:默认的自动模式,播放音频时会读取先前对该音频轨道的设置,并沿用这些设置播放音频。

(3)"写入"自动模式:将记录播放音频期间对音频轨道的设置,包括创建的关键帧。

(4)"触动"自动模式:与"写入"自动模式相似,但是在播放音频期间,当停止调整某属性时,该属性值会恢复至之前的状态。例如,拖动滑块调整音量时,松开鼠标,滑块会回弹到之前的位置。

(5)"闭锁"自动模式:与"写入"自动模式相似,但在播放音频时会使用上一次对属性的设置。

2. 音频轨道控制按钮

音频轨道控制按钮包括"静音轨道"按钮 M、"独奏轨道"按钮 S 和"启用轨道以进行录制"按钮 R。单击"静音轨道"按钮 M 可使对应的音频轨道静音；单击"独奏轨道"按钮 S 可使其他音频轨道静音，只播放对应的音频轨道中的音频；单击"启用轨道以进行录制"按钮 R 可通过麦克风将音频录制到软件中。

3. 声像平移和音频平衡

声像是指在听音者听感中所展现的各声部空间位置并由此形成的声分布画面。它是听觉中对声音来源方向和空间位置的感知，涉及声音在三维空间中的定位。

普通音频轨道（这里称为输入轨道）中的音频会输出到序列的主声道音频轨道或添加的子混合音频轨道（这里统称为输出轨道）中。不同的音频轨道中可能具有不同数量的声道，因此将输入轨道中的音频输出到输出轨道时，需要对声道中的信号进行重新分配。

声像平移是指音频在声道间的移动。通过声像平移，可以在包含多个声道的音频轨道中定位声音，使其在空间中呈现出不同的位置感。音频平衡是指在包含多个声道的音频轨道中重新分配声道间的音频信号，使声音的各个部分听起来和谐自然，或者符合创作者的意图。

根据音频轨道类型的不同，平移和平衡控制器也有所区别。当输出轨道为立体声轨道时，平移和平衡控制器如图 8-12（a）所示；当输出轨道为 5.1 环绕声轨道时，平移和平衡控制器如图 8-12（b）所示；当输出轨道为多声道轨道时，平移和平衡控制器如图 8-12（c）所示。

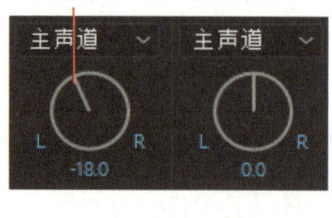
（a）

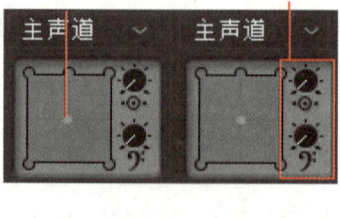
（b）

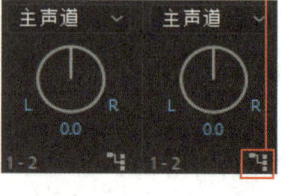
（c）

图 8-12　平移和平衡控制器

4. 使用子混合音频轨道

默认情况下，普通音频轨道中的音频会输出到主声道音频轨道中。要想将普通音频轨道中的音频输出到子混合音频轨道中，或将子混合音频轨道中的音频输出到其他子混合音频轨道中，可在"轨道输出分配"列表中选择相应的音频轨道名称。

此外，单击"显示/隐藏效果和发送"按钮，显示效果和发送设置区，单击"发送"列表区右侧的"发送分配选择"按钮，在展开的列表中选择音频轨道名称，可将该音频轨道中的音频发送到指定的音频轨道中，此时可在下方显示的设置区设置发送的音量大小和音频平衡，如图 8-13 所示。

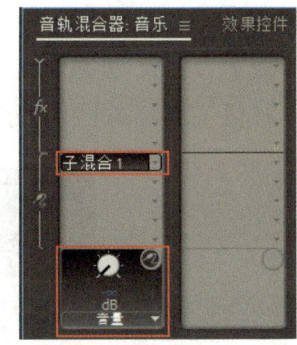

图 8-13　将音频发送到指定的音频轨道中

> **提　示**
>
> 在"音轨混合器"面板中拖动音量滑块也可以调整对应音频轨道中音频素材的音量。

任务实施——制作超重低音效果

本任务实施将使用 Premiere Pro 提供的音频处理功能制作超重低音效果。案例最终效果可参考本书配套素材"素材与实例"/"项目八"/"任务一"文件夹中的"超重低音效果.mp4"文件。

制作超重低音效果

步骤❶　启动 Premiere Pro，新建一个名为"超重低音效果"的项目。

步骤❷　导入本书配套素材"素材与实例"/"项目八"/"任务一"文件夹中的素材文件。将"视频1.mp4"素材中的视频拖至"时间轴"面板中（将该素材载入"源"面板，在面板中的"仅拖动视频"按钮 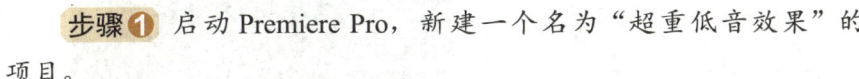 上按住鼠标左键并拖至"时间轴"面板中）。

步骤❸　将"视频2.mp4"素材中的视频拖至 V1 视频轨道中，并使其接排"视频1.mp4"素材。在两个素材之间应用"缩放"分类下的"交叉缩放"视频过渡。

步骤❹　将"配乐.mp3"和"鼓声.mp3"素材分别拖至 A1 和 A2 音频轨道中，并剪掉两个音频素材超出视频素材的部分，此时的"时间轴"面板效果如图 8-14 所示。

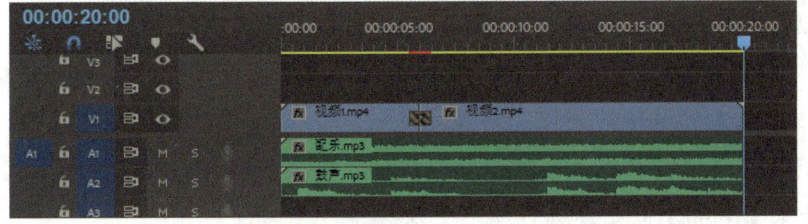

图 8-14　添加音频素材后的"时间轴"面板效果

步骤 5 将"效果"面板"音频效果"文件夹中的"低通"音频效果拖至"时间轴"面板的"鼓声.mp3"素材上,并在"效果控件"面板中设置"低通"音频效果下的"屏蔽度"属性值(见图 8-15),为该音频素材制作超重低音效果。

图 8-15　设置"屏蔽度"属性值

> **提示**
>
> 为音频素材添加音频效果的方法将在本项目的任务二中详细讲解。

步骤 6 选中"配乐.mp3"素材,选择"剪辑"/"音频选项"/"音频增益"选项,在打开的"音频增益"对话框中选中"标准化最大峰值为"单选钮,并设置该参数为 –10(见图 8-16),单击"确定"按钮,降低音频增益。

步骤 7 展开 A1 音频轨道,将时间指针拖至第 18 秒 12 帧处。首先按住"Ctrl"键的同时单击时间指针处的音量指示线,添加一个关键帧;然后在第 20 秒处的音量指示线上再添加一个关键帧,并向下拖动该关键帧至合适位置(见图 8-17),制作音量逐渐降低的效果。

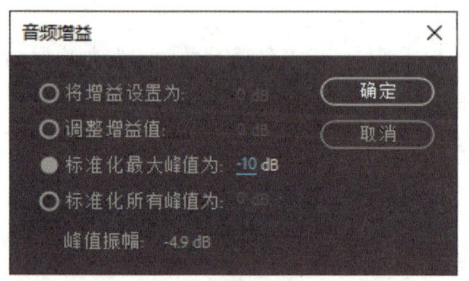

图 8-16　降低音频增益

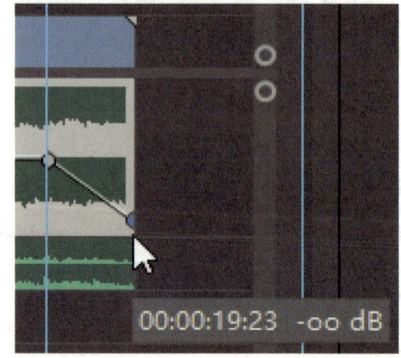

图 8-17　调整第 20 秒处关键帧的位置

> **知识库**
>
> 在"时间轴"面板中按住"Ctrl"键的同时单击音量指示线可添加关键帧。在默认情况下,为音频素材添加的关键帧为音量关键帧,要想更改关键帧的类型,可单击对应音频轨道轨道头中的"显示关键帧"按钮,在展开的列表中选择相应选项,此时,音频素材中的音量指示线也会进行相应更改。

步骤❽ 首先预览视频效果,然后参照图 8-18 中的参数设置导出视频,最后保存项目文件并关闭软件。

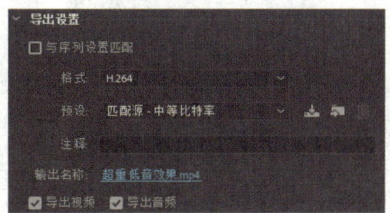

图 8-18　导出设置

任务二　应用音频效果和音频过渡

任务描述

本任务首先介绍添加、设置音频效果和音频过渡的方法,以及不同类型音频效果和音频过渡的特点,然后利用这些知识制作回声效果,如图 8-19 所示。

图 8-19　回声效果画面截图

一　应用音频效果

1. 添加和设置音频效果

在 Premiere Pro 中,音频效果被放置在"效果"面板的"音频效果"文件夹中,如图 8-20 所示。

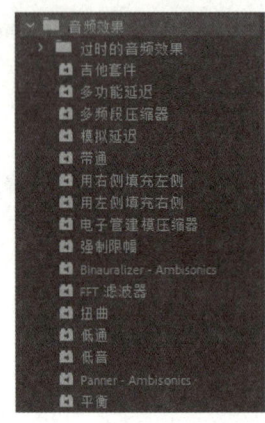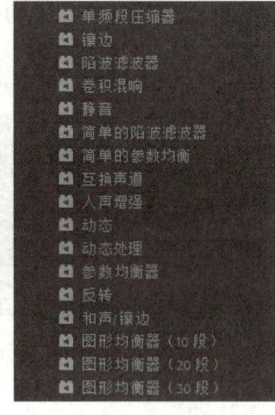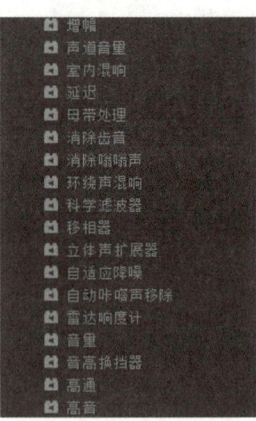

图8-20 "音频效果"文件夹中的各种音频效果

　　为音频素材添加音频效果的方法与为视频素材添加视频效果相同。此外，还可以使用"音轨混合器"面板为音频轨道添加音频效果。打开"音轨混合器"面板，单击效果和发送设置区中"效果"列表区右侧的"效果选择"按钮，在展开的列表中选择相应选项，即可为对应的音频轨道添加音频效果，此时可在下方显示的效果属性设置区设置音频效果的属性，如图8-21所示。

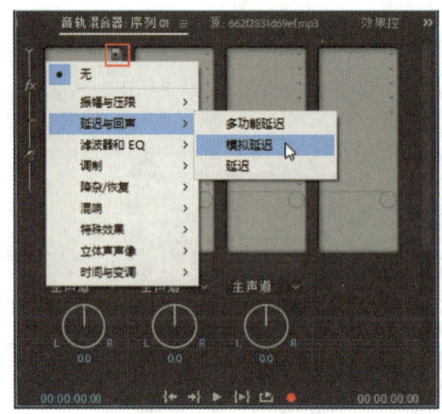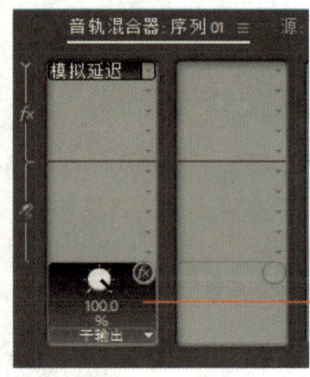

效果属性
设置区

图8-21 使用"音轨混合器"面板为音频轨道添加音频效果

知识库

　　在"音轨混合器"面板中最多能为每个音频轨道添加5个音频效果。要修改某个音频效果的属性，可先在"效果"列表区单击该效果，再在下方的效果属性设置区进行修改，或者双击该效果，在打开的"轨道效果编辑器"对话框中设置相应属性（大部分音频效果有效）；要删除某个音频效果，可在该效果对应的"效果选择"列表中选择"无"选项。要在音频轨道的不同位置为音频效果设置不同的属性值，可使用"写入"或"闭锁"等自动模式。

2. 音频效果的类型

下面介绍 Premiere Pro 提供的各种音频效果类型及其特点。

1）振幅与压限类音频效果

振幅与压限类音频效果包括多频段压缩器、单频段压缩器、增幅、声道音量、消除齿音、动态、动态处理、强制限幅和电子管建模压缩器 9 个音频效果，主要用于设置音频的振幅、音量大小及压缩方式等。

2）延迟与回声类音频效果

延迟与回声类音频效果包括多功能延迟、模拟延迟和延迟 3 个音频效果，主要用于设置音频的延迟时间和延迟量，以制作不同环境下的回声效果。其中，利用多功能延迟最多可添加 4 个回声；模拟延迟可用于模拟老式延迟装置的声音特性；延迟主要用于生成单一回声效果。

为音频素材添加"模拟延迟"音频效果后，在"效果控件"面板中单击该效果下的"编辑"按钮，可在打开的"剪辑效果编辑器"对话框（见图 8-22）中设置相应属性。

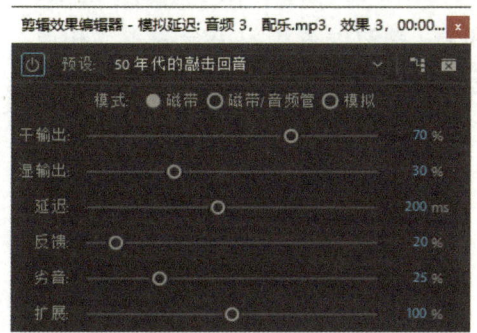

图 8-22 "模拟延迟"音频效果的"剪辑效果编辑器"对话框

（1）预设：可在该列表中选择要模拟的声音类型。

（2）干输出：设置原始音频的电平。

> **知识库**
>
> 电平是一种在音频信号处理中对电压、电流或功率的相对水平进行量化的方式，其单位通常为分贝（dB）。在一定程度上，电平可以被理解为声音的响度，电平升高通常会让人感觉声音更响。

（3）湿输出：设置延迟的、经过处理的音频的电平。

（4）延迟：设置音频延迟的时间，一般以 ms（毫秒）为单位。

（5）反馈：通过重复发送延迟后的音频来制作重复回声效果。例如，设置反馈值为 20% 时，将发送原始音频音量的 20% 为延迟音频，制作声音缓慢淡出的回声效果；设置反馈值为200%时，将发送原始音频音量的200%为延迟音频，制作音量快速增大的回声效果。

（6）劣音：用于扭曲音频并提高低频，使音频效果更接近老式延迟装置的声音效果。一般来说，该值不可设置得过大，以免音频中的杂音过多。

（7）扩展：设置延迟音频的立体声宽度，就是使不同声道内的声音产生错位，从而增强声音的立体感。

3）滤波器和均衡器（EQ）类音频效果

滤波器和均衡器（EQ）类音频效果包括带通、低通、低音、高通、高音、FFT滤波器和参数均衡器等14个音频效果，主要用于消除、增强或减弱特定的频率、频段，以制作音频变调的效果。其中，带通用于消除指定范围外的频率或频段，高通和低通用于消除低于或高于指定频率（"屏蔽度"属性值）的频率。

4）调制类音频效果

调制类音频效果包括镶边、和声/镶边和移相器3个音频效果，主要是通过将原始音频与延迟音频进行合并，使音频产生错位效果，增强声音的立体感和空间感，从而产生丰富的声音效果。其中，"和声/镶边"音频效果合并了"和声"和"镶边"两种流行的基于延迟的效果，其"剪辑效果编辑器"对话框如图8-23所示。

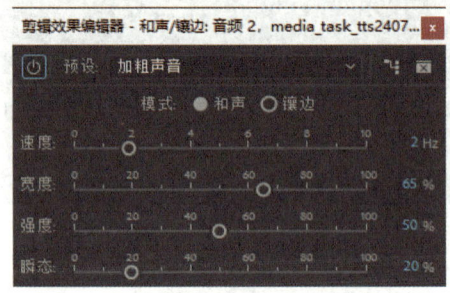

图8-23 "和声/镶边"音频效果的"剪辑效果编辑器"对话框

（1）模式：选择"和声"模式可一次模拟多个语音或乐器，原理是通过少量反馈添加多个短延迟；选择"镶边"模式可创建梦幻的相移声音，原理是将变化的短延迟与原始信号混合在一起。

（2）速度：设置延迟时间循环的速率。

（3）宽度：设置最大延迟量。

（4）强度：设置原始音频和处理后音频的比率。

（5）瞬态：瞬态值越大，声音越尖锐、清晰。

5）降杂/恢复类音频效果

降杂/恢复类音频效果包括消除嗡嗡声、自适应降噪和自动咔嗒声移除3个音频效果，主要用于降低或消除音频中的噪声（如嗡嗡声、嘶嘶声、风扇噪声等）、咔嗒声和爆音等。

6)混响类音频效果

混响类音频效果包括卷积混响、室内混响和环绕声混响3个音频效果,主要通过模拟声学空间,实现音频在不同空间中传播的效果。其中,卷积混响可用于实现音频在衣柜及音乐厅等各种空间传播的效果;室内混响相比于其他混响效果的处理速度更快,占用的处理器资源更少;环绕声混响主要用于包含5.1环绕声道的音频。"室内混响"音频效果的"剪辑效果编辑器"对话框如图8-24所示。

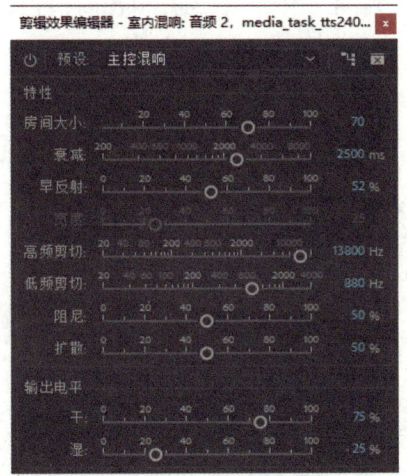

图8-24 "室内混响"音频效果的"剪辑效果编辑器"对话框

(1)**房间大小**:设置声学空间大小。

(2)**衰减**:设置混响的衰减量。

(3)**早反射**:设置先抵达耳朵的回声的百分比,使人感受到空间大小。需要注意的是,早反射值过大会导致声音失真,过小会使人失去对空间大小的感知。

(4)**宽度**:设置立体声声道之间的扩展。宽度值越大,两声道间的声音隔离度越大,两声道间的声音串扰率越低。当宽度值为0时,会产生单声道混响效果。

(5)**高频剪切**:设置音频中可产生混响的最高频率。

(6)**低频剪切**:设置音频中可产生混响的最低频率。

(7)**阻尼**:设置随时间应用于高频混响信号的衰减量。值越大,阻尼越高,产生的混响效果越温暖。

(8)**扩散**:设置混响信号在物体表面反射时被吸收的比例。扩散值越小,被吸收的信号越少,回声越多。

(9)**干**:设置原始音频在输出时所占的百分比。

(10)**湿**:设置处理后音频在输出时所占的百分比。

7)特殊类音频效果

特殊类音频效果包括吉他套件、用右侧填充左侧、用左侧填充右侧、扭曲、互换声道、人声增强、反转、母带处理和雷达响度计 9 个音频效果。其中，扭曲主要用于模拟汽车扬声器和消音麦克风产生的声音效果；母带处理用于快速对音频进行整体优化处理（如提升主体响度、增加环境混响、提高音频清晰度等）；雷达响度计主要用于测量剪辑、音频轨道或序列的音频级别（如提供峰值、平均和范围级别等信息）；其余特殊类音频效果的作用与其名称的含义基本相同。

8）其他音频效果

除上述几类音频效果外，还有立体声扩展器和音高换挡器两个音频效果，前者用于定位并扩展立体声声像，后者用于改变音调。

二 应用音频过渡

在 Premiere Pro 中，音频过渡被放置在"效果"面板的"音频过渡"文件夹中，如图 8-25 所示。为音频素材添加音频过渡的方法与为视频素材添加视频过渡相同。

下面介绍各音频过渡的特点。

图 8-25 "音频过渡"文件夹中的音频过渡

（1）**恒定功率**：用于在音频素材之间创建较为平滑的过渡效果。应用该过渡后，会在两个音频素材之间进行交叉淡出和淡入（前一个音频先缓慢减小音量，接近末端时再快速减小音量，同时后一个音频先快速增大音量，接近末端时再缓慢增大音量），从而避免突然的音量变化。在需要连接两个音频素材而又不想产生大的音量跳变时，可使用该音频过渡。

（2）**恒定增益**：用于在音频素材之间以恒定速率更改音频进出。应用该过渡后，在前一个音频淡出的同时，后一个音频会以同样的增益淡入，营造一种音频突然切换的感觉。

（3）**指数淡化**：用于在音频素材之间创建非常柔和的过渡效果（通过使用指数曲线来改变音量）。应用该过渡后，前一个音频会淡出（逐渐降低音量直至没有声音），后一个音频会淡入（从没有声音开始逐渐提高音量）。该音频过渡适用于制作单个音频的淡入或淡出效果。

任务实施——制作回声效果

本任务实施将使用 Premiere Pro 提供的音频效果和音频过渡制作回声效果。案例最终效果可参考本书配套素材"素材与实例"/"项目八"/"任务二"文件夹中的"回声效果 .mp4"文件。

步骤 1 启动 Premiere Pro，新建一个名为"回声效果"的项目。

制作回声效果

步骤❷ 导入本书配套素材"素材与实例"/"项目八"/"任务二"文件夹中的素材文件,并将"视频.mp4"素材中的视频拖至"时间轴"面板中。

步骤❸ 将"鸟叫.mp3"素材拖至 A1 音频轨道中,使其入点位于第 0 帧。打开"音轨混合器"面板,单击效果和发送设置区中 A1 音频轨道"效果"列表区位置 1 右侧的"效果选择"按钮,在展开的列表中选择"延迟与回声"/"模拟延迟"选项,为 A1 音频轨道添加延迟效果,如图 8-26 所示。

步骤❹ 在效果和发送设置区双击"模拟延迟"音频效果,在打开的对话框中设置相应属性,如图 8-27 所示。单击对话框右上角的"关闭"按钮,关闭对话框。

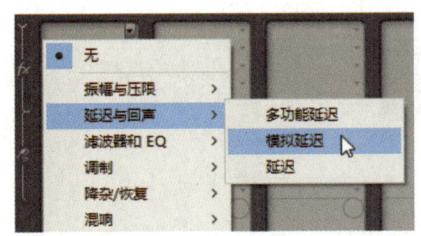

图 8-26 为 A1 音频轨道添加"模拟延迟"音频效果

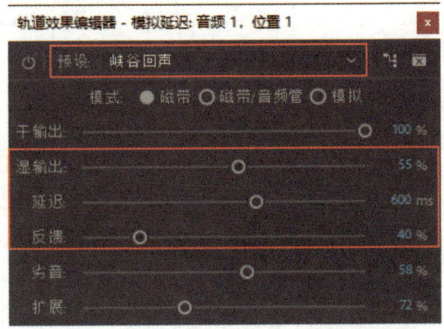

图 8-27 设置"模拟延迟"音频效果的相应属性

步骤❺ 将"配乐.mp3"素材拖至 A2 音频轨道中,使其入点位于第 0 帧,并剪掉超出视频素材的部分。选中刚添加的音频素材,在"效果控件"面板中设置"音量"固定音频效果下的级别值为 -5.0,降低音频素材的音量,如图 8-28 所示。

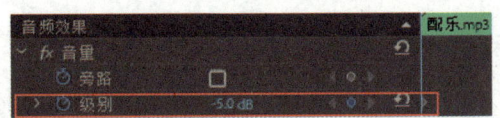

图 8-28 设置"级别"属性值

步骤❻ 将"效果"面板"音频过渡"文件夹中"交叉淡化"分类下的"指数淡化"音频过渡分别拖至"鸟叫.mp3"素材的出点,以及"配乐.mp3"素材的入点和出点。选中"配乐.mp3"素材入点处的音频过渡,在"效果控件"面板中设置其持续时间为 2 秒 5 帧,此时的"时间轴"面板效果如图 8-29 所示。

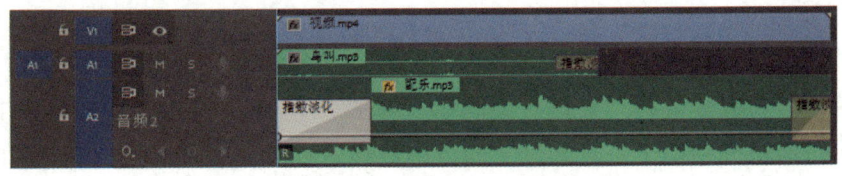

图 8-29 "时间轴"面板最终效果

步骤 7 首先预览视频效果,然后参照图 8-30 中的参数设置导出视频,最后保存项目文件并关闭软件。

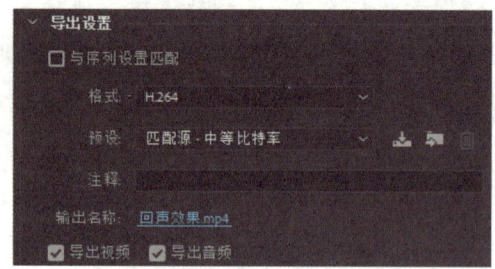

图 8-30　导出设置

1. 实训内容

本实训利用前面所学知识制作声音变调效果,如图 8-31 所示。视频最终效果可参考本书配套素材"素材与实例"/"项目八"/"项目实训"文件夹中的"声音变调效果.mp4"文件。

图 8-31　声音变调效果画面截图

2. 操作提示

(1) 启动 Premiere Pro,新建一个名为"声音变调效果"的项目。

(2) 导入本书配套素材"素材与实例"/"项目八"/"项目实训"文件夹中的素材文件。将导入的素材分别拖至"时间轴"面板中,设置视频素材的持续时间为 30 秒,并剪掉多余的音频素材,此时的"时间轴"面板效果如图 8-32 所示。

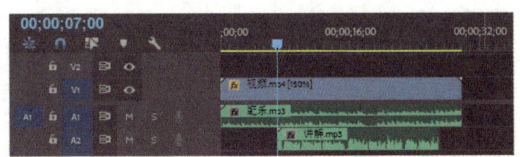

图 8-32　添加素材并对其进行设置后的"时间轴"面板效果

（3）首先将"效果"面板"音频效果"文件夹中的"音高换挡器"音频效果拖至"讲解 .mp3"素材上；然后在"效果控件"面板中单击"音高换挡器"音频效果下的"编辑"按钮，在打开的对话框中设置相应属性，制作声音变调效果，如图 8-33 所示；最后单击右上角的"关闭"按钮关闭对话框。

（4）确保选中"讲解 .mp3"素材，在"效果控件"面板中设置"声像器"固定音频效果下的声像值为 -100.0，使该音频在左声道发声，如图 8-34 所示。

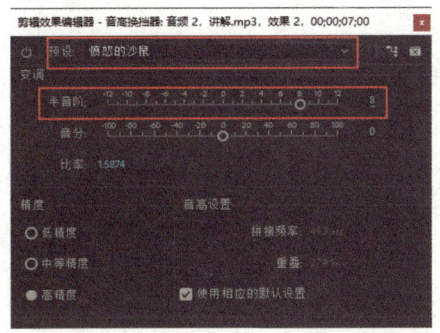

图 8-33　设置"音高换挡器"音频效果的相应属性　　　图 8-34　设置声像值

（5）在"效果控件"面板中，分别在"配乐 .mp3"素材的第 6 秒、第 7 秒、第 27 秒 2 帧（"讲解 .mp3"素材出点处）和第 28 秒 2 帧处添加平衡关键帧，并设置第 7 秒和第 27 秒 2 帧处的平衡值均为 100.0，使该音频在不同声道间转换，如图 8-35 所示。

图 8-35　为"配乐 .mp3"素材添加平衡关键帧并设置属性值

（6）在"配乐 .mp3"素材的第 6 秒和第 7 秒处添加级别关键帧，并设置级别值分别为 2.0 和 -2.0，制作音频音量降低的效果，如图 8-36 所示。

图 8-36　为"配乐 .mp3"素材添加级别关键帧并设置属性值

（7）首先预览视频效果，然后导出格式为 MP4 的视频，最后保存项目文件并关闭软件。

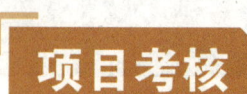

1. 选择题

（1）下列关于 Premiere Pro 中音频轨道的描述错误的是（　　）。
　　A．子混合音频轨道用于将同一序列中的普通音频轨道分组，便于集中设置
　　B．通过"时间轴"面板的右键快捷菜单可以添加主声道音频轨道
　　C．音频轨道可分为单声道、立体声和 5.1 环绕声等类型
　　D．普通音频轨道中包含实际的音频信息

（2）在 Premiere Pro 中，以下操作可以调整音频音量的是（　　）。
　　A．使用"音频增益"命令
　　B．在"时间轴"面板中拖动音量指示线
　　C．在"音轨混合器"面板中拖动音量滑块
　　D．以上均可

（3）在 Premiere Pro 中，以下关于音频效果的描述错误的是（　　）。
　　A．将音频效果拖至"时间轴"面板中的音频素材上，可为音频素材添加音频效果
　　B．音频效果放置在"效果"面板中
　　C．在"音轨混合器"面板的效果和发送设置区可以为音频素材添加音频效果
　　D．在"音轨混合器"面板中可以设置音频效果的属性

（4）在 Premiere Pro 中，（　　）音频效果可以制作声音变调效果。
　　A."带通"　　　　　　　　　　　　B."模拟延迟"
　　C."扭曲"　　　　　　　　　　　　D．以上均可

（5）在 Premiere Pro 中，（　　）音频过渡适合制作音频的淡入或淡出效果。
　　A."恒定增益"　　　　　　　　　　B."恒定功率"
　　C."指数淡化"　　　　　　　　　　D．以上均适合

2. 操作题

利用本书配套素材"素材与实例"/"项目八"/"项目考核"文件夹中的素材制作如图 8-37 所示的音乐节片头。

图 8-37 音乐节片头截图

提示:

(1)启动 Premiere Pro,新建一个名为"音乐节片头"的项目。

(2)导入本书配套素材"素材与实例"/"项目八"/"项目考核"文件夹中的素材文件。将导入的素材拖至"时间轴"面板中,设置"标题.png"素材的持续时间为 3 秒,此时的"时间轴"面板效果如图 8-38 所示。

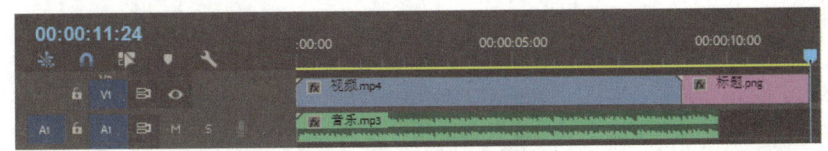

图 8-38 添加素材后的"时间轴"面板效果

(3)在"视频.mp4"和"标题.png"素材之间添加"交叉缩放"视频过渡,并在"效果控件"面板中拖动视频过渡至合适位置,调整其开始和结束的位置,使标题延后显示,如图 8-39 所示。

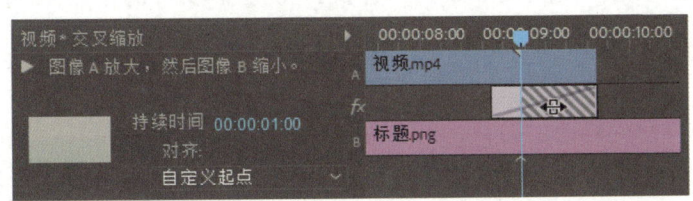

图 8-39 调整视频过渡的位置

(4)在第 8 秒 24 帧处将"音乐.mp3"素材剪成两部分,并将第二部分垂直向下拖至 A2 音频轨道中。

(5)选中 A2 音频轨道中的素材,在"音轨混合器"面板中对应的 A2 音频轨道的"效果"列表区的位置 1 添加"混响"分类下的"室内混响"音频效果。双击该音频效果,在打开的对话框中设置相应属性(见图 8-40),为音频素材制作尾音,让视频结尾显得更加自然。

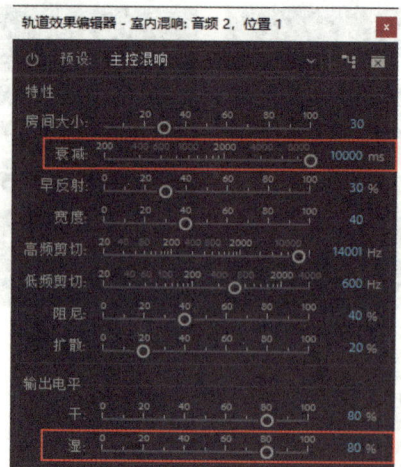

图 8-40 设置"室内混响"音频效果的相应属性

(6)首先预览视频效果,然后导出格式为 MP4 的视频。
(7)保存项目文件并关闭软件。

项目评价

完成所有学习任务之后,请按照以下要求完成项目评价。

全班同学每 5 人一组,各组成员结合课前、课中和课后的学习情况,以及项目实训和项目考核的完成情况,按照表 8-1 中的评价标准对本项目的学习效果进行自评和互评(小组组内成员互相打分),并请教师进行总体评价。

表 8-1 学习效果评价表

评价项目	评价内容	分值	评价分数		
			自评	互评	师评
知识 (50%)	不同类型音频轨道的作用和添加方法	5 分			
	设置音频素材的声道和音量的方法	10 分			
	使用"音轨混合器"面板处理音频的方法	15 分			
	添加音频效果和音频过渡的方法	10 分			
	不同类型音频效果和音频过渡的特点	10 分			
技能 (30%)	根据实际需求灵活处理音频	15 分			
	根据实际需求灵活运用各种音频效果和音频过渡编辑音频	15 分			

表 8-1（续）

评价项目	评价内容	分值	评价分数		
			自评	互评	师评
素养（20%）	勤于思考，善于沟通、协作	5 分			
	按时、积极参加各项活动	5 分			
	高质量地完成课堂练习、课后作业	5 分			
	具备良好的学习态度	5 分			
合计		100 分			
总评	= 自评（20%）+ 互评（20%）+ 师评（60%）	综合等级：	指导教师（签名）：		

注：综合等级可以"优"（总评得分≥90 分）、"良"（80 分≤总评得分＜90 分）、"中"（60 分≤总评得分＜80 分）、"差"（总评得分＜60 分）为标准进行评价。

项目九

综合应用

项目导读

通过前面项目的学习，相信读者已经掌握了 Premiere Pro 的核心功能和应用技巧。本项目将通过制作两个综合应用案例，带领大家深入学习 Premiere Pro 在节目宣传片和产品广告制作方面的实际应用，以巩固前面所学知识，提高 Premiere Pro 实践能力和技能水平。

学习目标

知识目标
- ▶ 掌握制作节目宣传片的要点和一般方法。
- ▶ 掌握制作产品广告的要点和一般方法。

能力目标
- ▶ 能够根据实际需求灵活运用 Premiere Pro 制作节目宣传片。
- ▶ 能够根据实际需求灵活运用 Premiere Pro 制作产品广告。

素质目标
- ▶ 增强市场营销意识，了解目标受众需求，把握市场趋势。
- ▶ 培养创意思维能力，构思独特视频内容和视听效果。
- ▶ 提高项目管理能力，有计划地管理时间和其他资源。

项目九 综合应用

任务一　制作美食节目宣传片

任务分析

节目宣传片主要是指为了推广广播电台、电视台播送的节目而制作的短片,其主要通过影像、声音和文字等多媒体形式展示节目特色、风格和理念,塑造节目的品牌形象,让观众对节目产生认同感。一部具有创意和亮点的节目宣传片,可以有效激发观众的好奇心和观看欲望,从而达到宣传节目、提高节目观看率的目的。

本任务将制作美食节目宣传片,效果如图9-1所示。该节目宣传片融合了独具特色的地域美食及灵动的动画和水墨特效,生动地展示了节目宣传中国美食文化的主题。

图 9-1　美食节目宣传片截图

任务实施

案例最终效果可参考本书配套素材"素材与实例"/"项目九"/"任务一"文件夹中的"美食节目宣传片.mp4"文件。

1. 制作开头

制作开头时,首先使用"书写"视频效果制作涂抹动画,并使用"轨道遮罩键"视频效果和"旧版标题"命令制作标题随涂抹动画逐渐显现的效果,然后使用"裁剪"视频效果制作背景图片从中间分开并向外滑动的效果。

步骤 1　启动 Premiere Pro,新建一个名为"美食节目宣传片"的项目。导入本书配套素材"素材与实例"/"项目九"/"任务一"文件夹中的素材文件。

制作美食节目宣传片的开头

小技巧

读者可以在 Premiere Pro 中自行使用素材箱对所有素材进行分类管理,以方便使用。

步骤 2　单击"项目"面板右下角的"新建项"按钮，在展开的列表中选择"序列"选项,并在打开的"新建序列"对话框中选择序列预设(见图 9-2),设置序列名称为"总序列",最后单击"确定"按钮新建序列。

步骤 3　将"图片 1.jpg"素材拖至 V2 视频轨道中,使其入点位于第 0 帧,持续时间为 4 秒。

步骤 4　首先在"项目"面板中新建一个调整图层,并将其拖至 V3 视频轨道中,使其入点位于第 0 帧;然后右击"调整图层",在弹出的快捷菜单中选择"嵌套"选

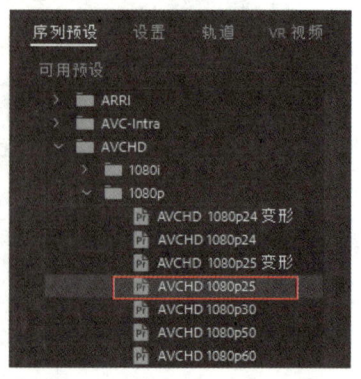

图 9-2　选择序列预设

项目九 综合应用

项,并在打开的"嵌套序列名称"对话框中输入名称"涂抹1";最后单击"确定"按钮创建嵌套。

> **小技巧**
>
> 在制作较为复杂的案例时可以多使用嵌套功能,以便集中编辑素材,同时提升软件的运行速度。

步骤⑤ 将"效果"面板中的"书写"视频效果拖至"涂抹1"嵌套上,并在"效果控件"面板中设置"书写"视频效果的相应属性,如图9-3所示。

首先在第0帧为"画笔位置"属性添加关键帧,按两次"→"键使时间指针向右移动两帧;然后在"节目"面板中将画笔拖至合适位置(若无法看到画笔,可单击"效果控件"面板中的"书写"视频效果名称,在"节目"面板中显示画笔),此时第2帧处会自动添加关键帧;最后重复上述操作,每隔2帧或3帧,调整一次画笔位置,并使最后一个关键帧位于第1秒15帧,制作涂抹动画,如图9-4所示。

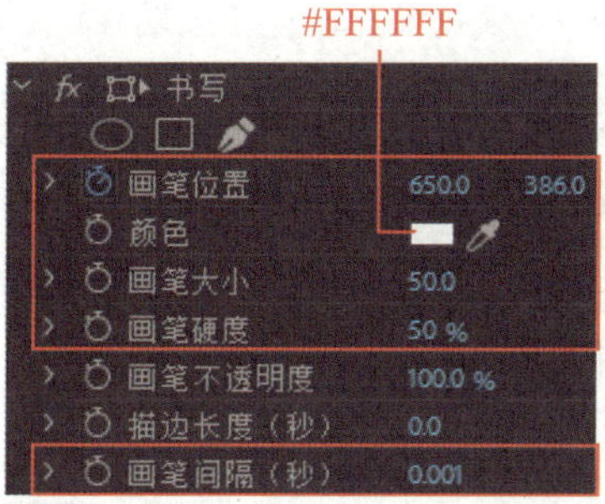

图9-3 设置"书写"视频效果的相应属性 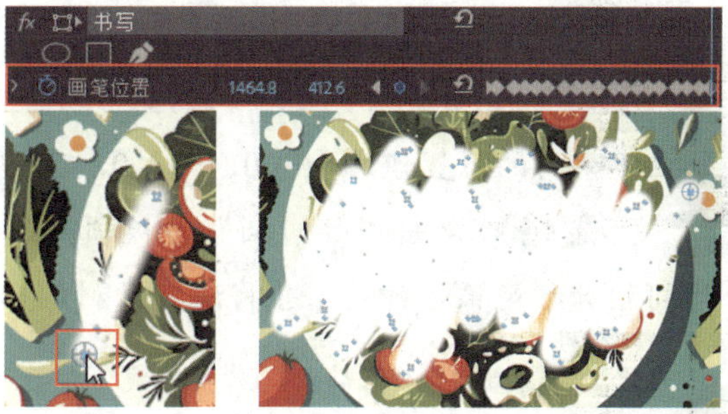　　图9-4 制作涂抹动画

步骤⑥ 选择"文件"/"新建"/"旧版标题"选项,在打开的"新建字幕"对话框中输入名称"中国味道"并单击"确定"按钮,打开"字幕"窗口。在"字幕"窗口中使用"文字工具"■创建文字"中国味道"并设置文字属性,使其位于画面中央位置,如图9-5所示。关闭窗口,创建字幕。

图9-5 创建文字并设置其属性

209

步骤 7 将"中国味道"字幕拖至V4视频轨道(将素材拖至视频轨道最上方的空白区域会自动生成,下同)中,使其入点位于第0帧。按住"Alt"键的同时将"涂抹1"遮罩垂直向上拖至V5视频轨道中,复制该遮罩。

步骤 8 将"轨道遮罩键"视频效果拖至"中国味道"字幕上,并在"效果控件"面板的"轨道遮罩键"视频效果下的"遮罩"列表中选择"视频5"选项,制作字幕随涂抹动画逐渐显现的效果。

步骤 9 为"图片1.jpg"素材创建名为"过渡1"的嵌套,并双击"过渡1"嵌套,打开该嵌套。垂直向下复制一个"图片1.jpg"素材,为这两个素材均添加"裁剪"视频效果。设置上方素材的"裁剪"视频效果中的底部值为50.0%,下方素材的顶部值为50.0%,如图9-6所示。

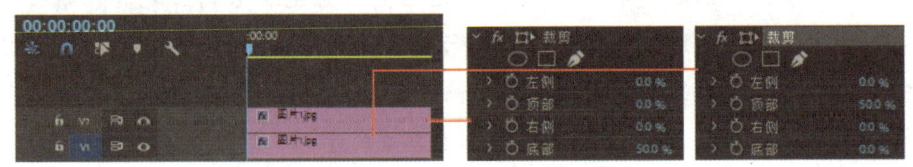

图9-6 为"过渡1"嵌套中的两个素材添加"裁剪"视频效果并设置相应属性

步骤 10 分别在两个素材的第3秒13帧和第4秒处添加位置关键帧,并设置第4秒处上方素材的位置值为960.0、-16.0,下方素材的位置值为960.0、1098.0。

步骤 11 单击"时间轴"面板顶部的"总序列"选项卡,返回"总序列"序列。将时间指针移至第4秒处,并将所有素材的出点拖至第4秒。

2. 制作中间部分

节目宣传片的中间部分是展示3种美食(北京铜火锅、山西莜面栲栳栳和陕西肉夹馍)。制作时,主要使用图片素材、水墨素材和"轨道遮罩键"视频效果制作通过水墨笔刷的涂抹来显示图片的效果,以及水墨风过渡效果。此外,还使用"旧版标题"命令和蒙版路径关键帧制作文字渐显的效果。

制作美食节目宣传片的中间部分

步骤 1 将"背景1.jpg"素材拖至V1视频轨道中,使其入点位于第3秒13帧,出点位于第9秒。

步骤 2 将"图片2.jpg"素材拖至V2视频轨道中并接排"过渡1"嵌套,设置其持续时间为5秒,缩放值为140.0,位置值为1500.0、465.0。在该素材的第4秒和第8秒处分别添加缩放关键帧,并设置第8秒处的缩放值为145.0,制作图片缓慢放大的效果。

> **提示**
> 本项目中所有静止图像的默认持续时间均为5秒,若无特殊设置将不再提示。

步骤❸ 将"水墨1.mov"素材拖至V3视频轨道中并接排"涂抹1"嵌套,设置其位置值为970.0、340.0,缩放值为80.0,旋转值为-11.0°。在第4秒12帧处将"水墨1.mov"素材剪成两部分,并设置第二段素材的持续时间为5秒。

步骤❹ 将第一段"水墨1.mov"素材复制到V4视频轨道中,使其入点位于第4秒12帧。为复制素材添加"水平翻转"视频效果,并设置其位置值为1290.0、480.0,旋转值为-23.0°。在复制素材的倒数第二帧处剪辑素材,并设置第二段素材的持续时间为4秒14帧,使其出点与其下方素材出点相同。

步骤❺ 参照步骤4,将V4视频轨道中的第一段"水墨1.mov"素材复制到V5视频轨道中,调整其位置,并通过剪辑素材调整其持续时间,如图9-7所示。

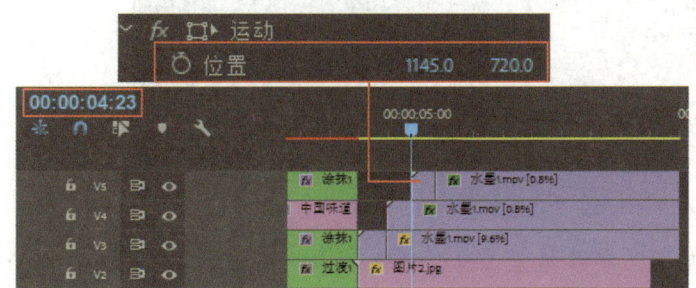

第5秒8帧处的效果

图9-7 复制素材并进行相应设置

步骤❻ 选中步骤3~步骤5制作的素材,创建名为"涂抹2"的嵌套。为"图片2.jpg"素材添加"轨道遮罩键"视频效果,并设置其遮罩为"视频3"。选中"涂抹2"嵌套,设置其位置值为658.0、582.0,效果如图9-8所示。

步骤❼ 将"水墨2.mov"素材拖至V4视频轨道中并接排"中国味道"字幕。为该素材添加"颜色替换"视频效果,并设置相应属性,如图9-9所示。

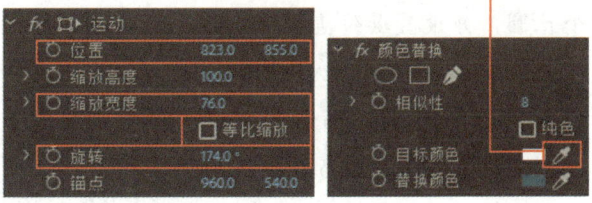

先单击该按钮,并吸取"节目"面板中"水墨2.mov"素材的颜色(白色),然后设置替换颜色为深青色(#007489)

图9-8 设置"涂抹2"嵌套位置的效果　　图9-9 设置"水墨2.mov"素材的相应属性

步骤❽ 参照步骤3延长"水墨2.mov"素材的持续时间,此时的"时间轴"面板效果如图9-10所示。

步骤❾ 使用"旧版标题"命令创建"北京铜火锅"字幕,如图9-11所示。

211

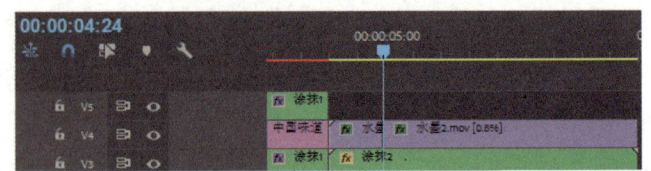

图 9-10　延长"水墨 2.mov"素材的持续时间

图 9-11　创建"北京铜火锅"字幕

步骤 10　首先将"北京铜火锅"字幕拖至 V5 视频轨道中,并接排"涂抹 1"嵌套;然后单击其"不透明度"固定视频效果下的"创建 4 点多边形蒙版"按钮■创建蒙版,并在第 4 秒 6 帧处添加蒙版路径关键帧,在"节目"面板中调整其路径;最后在第 4 秒 16 帧处添加蒙版路径关键帧并调整路径,如图 9-12 所示。

第 4 秒 6 帧

第 4 秒 16 帧

图 9-12　调整蒙版路径

步骤 11　将时间指针移至第 4 秒处,使用"椭圆工具"■在"节目"面板中绘制一个正圆,并设置其位置值为 680.0、800.0(可视情况调整锚点值,确保正圆位于画面左上方),填充颜色为白色(#FFFFFF)。为"图形"素材创建"圆点"嵌套,并打开该嵌套。

步骤 12　将"图形"素材垂直向下拖至 V1 视频轨道中。垂直向上复制 5 个"图形"素材,并分别调整正圆在垂直方向的位置,使正圆的间距为 60,如图 9-13 所示。

步骤 13　返回"总序列"序列,分别在"圆点"嵌套的第 4 秒、第 5 秒、第 5 秒 15 帧、第 6 秒、第 6 秒 5 帧和第 6 秒 7 帧处添加位置关键帧,并设置前 5 个关键帧在垂直方向的位置值分别为 0.0、640.0、460.0、580.0

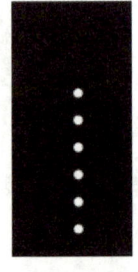

图 9-13　调整复制的正圆的位置

和500.0。选中"位置"属性中的所有关键帧并右击,在弹出的快捷菜单中选择"临时插值"/"缓入"选项及"缓出"选项,效果如图9-14所示。

图9-14 为位置关键帧设置"缓入"和"缓出"效果

步骤14 首先为"圆点"嵌套创建"滚动点"嵌套,并向上复制两个"滚动点"嵌套;然后设置复制的两个"滚动点"嵌套的位置值分别为1050.0、490.0和1140.0、440.0,如图9-15所示。

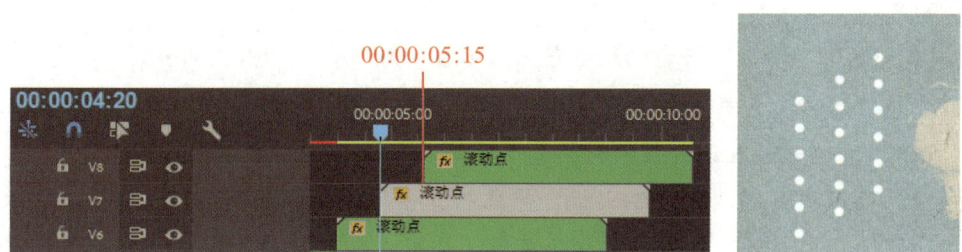

图9-15 复制"滚动点"嵌套并调整其位置值

步骤15 选中步骤1后制作的所有素材,创建"内容1"嵌套,并将该嵌套的出点拖至第9秒。至此,北京铜火锅的展示部分就制作完成了。

步骤16 分别将"背景2.jpg"和"水墨3.mov"素材拖至V3和V4视频轨道中,使它们的入点均位于第8秒,并设置它们的持续时间分别为11秒和1秒。

步骤17 为"背景2.jpg"素材添加"轨道遮罩键"视频效果,设置其遮罩为"视频4",合成方式为"亮度遮罩",并选中"反向"复选框,制作水墨晕染的过渡效果。

步骤18 首先在"项目"面板中复制"内容1"嵌套,并将复制的嵌套重命名为"内容2",然后将"内容2"嵌套拖至V5视频轨道中,使其入点位于第9秒。

> **提示**
>
> 在"项目"面板中复制嵌套并重命名后,修改嵌套中的内容不会影响原嵌套的内容。

步骤19 接下来打开"内容2"嵌套,调整嵌套中所有素材的内容和相应属性,使图片在左,字幕在右。

首先选中"图片2.jpg"素材并按"Ctrl+C"组合键复制;然后将"图片3.jpg"素材拖至"图片2.jpg"素材的位置并右击该素材,在弹出的快捷菜单中选择"粘贴属性"选项,在打开的"粘贴属性"对话框中设置相应参数(见图9-16)后单击"确定"按钮,粘贴属性；最后调整"图片3.jpg"素材的位置值为990.0、500.0，两个缩放关键帧的属性值分别为115.0和125.0。

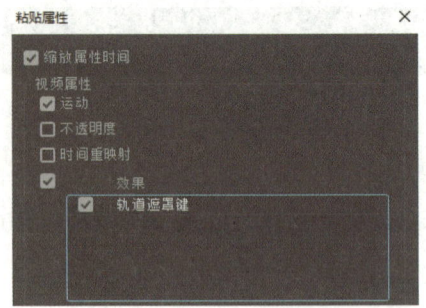

图9-16 "粘贴属性"对话框中的参数设置

步骤20 设置"涂抹2"嵌套的位置值为580.0、605.0，缩放值为96.0。

设置"水墨2.mov"素材的替换颜色为红色（#B93629），位置值为1070.0、855.0，旋转值为-6.0°。可以先设置第一段素材的属性再将其属性复制到第二段素材中。

在"项目"面板中复制"北京铜火锅"字幕并重命名为"山西莜面栲栳栳"，打开复制字幕的"字幕"窗口，修改文字及其相应属性（见图9-17）后关闭窗口。复制"北京铜火锅"字幕的"蒙版（1）"蒙版，使用复制字幕替换该字幕，并粘贴复制的蒙版，最后将复制的关键帧整体向后移动4帧，并调整两个关键帧处的蒙版路径，如图9-18所示。

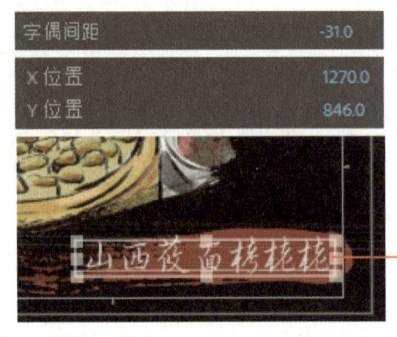

图9-17 修改文字及其相应属性

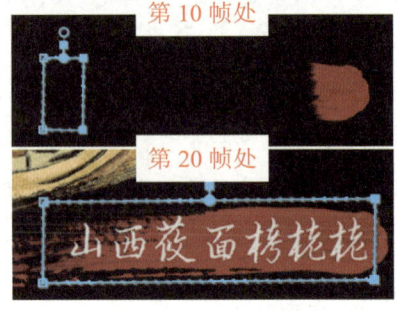

图9-18 关键帧处的蒙版路径

步骤21 选中三个"滚动点"嵌套，创建"滚动点2"嵌套，并设置新建嵌套的旋转值为90.0°，位置值为1320.0、970.0。至此，山西莜面栲栳栳的展示部分就制作完成了，返回"总序列"序列。

步骤22 将"水墨4.mp4"素材拖至V6视频轨道中，使其入点位于第13秒，设置其持续时间为1秒。在第13秒处将"内容2"嵌套剪成两部分，参照步骤17为第二段嵌套制作水墨擦除的过渡效果，如图9-19所示。

图9-19 "轨道遮罩键"视频效果的属性设置

步骤23 接下来参照制作山西莜面栲栳栳的展示部分

的方法，制作陕西肉夹馍的展示部分。

　　复制"内容2"嵌套并重命名为"内容3"。将其拖至V7视频轨道中，使其入点位于第14秒，出点与"背景2.jpg"素材出点相同。将"内容3"嵌套中的图片更改为"图片4.jpg"素材，将"涂抹2"嵌套更改为"水墨5.mov"素材，设置它们的相应属性，并参照步骤3延长"水墨5.mov"素材的持续时间，此时第4秒处的属性及效果如图9-20所示。

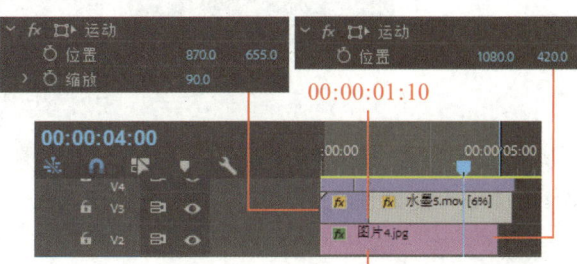

图9-20　更改图片和水墨素材后第4秒处的属性和效果

步骤24 设置"水墨2.mov"素材在水平方向的位置值为1110.0，"滚动点2"嵌套的旋转值为0.0°，位置值为2400.0、560.0。参照步骤20更改字幕为"陕西肉夹馍"，字幕的属性设置如图9-21所示。至此，陕西肉夹馍的展示部分就制作完成了。

图9-21　"陕西肉夹馍"字幕的属性设置

3. 制作结尾

　　制作结尾时，首先使用倒放功能制作擦除画面的效果；然后使用缩放和旋转关键帧及"轨道遮罩键"视频效果制作结尾背景显现的效果；接着使用蒙版、位置和不透明度关键帧制作文字逐个弹出的效果；最后使用"音频增益"命令、"高通"音频效果和"恒定功率"音频过渡为节目宣传片制作背景音乐。

制作美食节目
宣传片的结尾

步骤1 在"内容3"嵌套中，首先复制"水墨2.mov"和"水墨5.mov"素材的第一段素材（复制时可以按住"Alt"键将其拖至没有视频素材的位置），设置其倒放，且持续时间为20帧；然后将其拖至合适位置，制作擦除画面的效果，如图9-22所示。

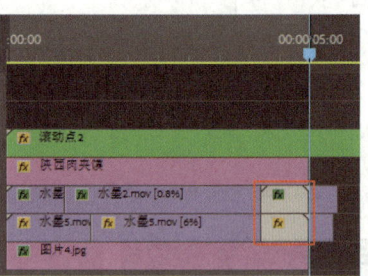

图 9-22 制作擦除画面的效果

步骤 2 选中"陕西肉夹馍"字幕,将其第 20 帧处的关键帧复制到第 4 秒 5 帧处,将第 10 帧处的关键帧复制到第 4 秒 24 帧处。

步骤 3 在"滚动点 2"嵌套的第 4 秒 5 帧和第 4 秒 24 帧处添加不透明度关键帧,并设置后一个关键帧的属性值为 0.0%。

步骤 4 返回"总序列"序列,将"背景 1.jpg"素材拖至 V5 视频轨道中,使其入点位于第 18 秒 10 帧,出点位于第 26 秒。至此,陕西肉夹馍展示部分到结尾的过渡效果就制作完成了。

步骤 5 将"图片 5.jpg"素材拖至 V6 视频轨道中,使其入点位于第 19 秒 5 帧,出点位于第 26 秒。为"图片 5.jpg"素材添加缩放和旋转关键帧,并设置它们的属性值(见图 9-23),制作图片边旋转边放大的效果。

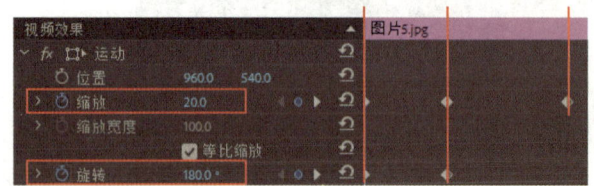

图 9-23 添加缩放和旋转关键帧并设置属性值

步骤 6 首先将"水墨 6.mp4"素材拖至 V7 视频轨道中,使其入点与下方素材的入点相同,然后剪掉该素材超出下方素材的部分,最后为"图片 5.jpg"素材应用"轨道遮罩键"视频效果,如图 9-24 所示。

图 9-24 应用"轨道遮罩键"视频效果

步骤 7 将时间指针移至第 21 秒处,使用"文字工具" T 和"基本图形"面板在"节目"面板中制作"美食节目"字幕,如图 9-25 所示。

项目九 综合应用

图 9-25 制作"美食节目"字幕

步骤 ❽ 为字幕创建文本蒙版，并调整蒙版路径，如图 9-26 所示。分别在第 21 秒、第 21 秒 20 帧和第 22 秒处为该字幕添加位置关键帧，并设置前两个关键帧在垂直方向的位置值分别为 670.0 和 510.0。

为刚才添加的 3 个关键帧设置"缓入"和"缓出"效果并展开"位置"属性，通过拖动锚点的手柄调整运动路径，使文字运动速率先慢后快，如图 9-27 所示。

图 9-26 调整蒙版路径

图 9-27 调整文字的运动速率

知识库

单击属性左侧的 ▶ 按钮，可展开该属性并显示关键帧的运动路径，调整运动路径可改变运动速率。运动路径上的锚点代表添加的关键帧。运动路径坡度越陡，运动越快；反之，运动越慢。

步骤 ❾ 在第 21 秒和第 21 秒 20 帧处为字幕添加不透明度关键帧，设置第一个关键帧的属性值为 0.0%，并为第二个关键帧设置"缓入"效果。

步骤 ❿ 首先在"时间轴"面板中向上复制 3 个"美食节目"字幕，并将复制的字幕依次向右移动 5 帧，如图 9-28 所示；然后调整复制字幕的蒙版路径，使 V9 视频轨道中的字幕显示文字"食"，V10 视频轨道中的字幕显示文字"节"，V11 视频轨道中的字幕显示文字"目"。

步骤 ⓫ 取消选中"时间轴"面板中的所有素材，并将时间指针移至第 22 秒 20 帧处，使用"文字工具" T 和"基本图形"面板制作"更多美食……"字幕，如图 9-29 所示。

217

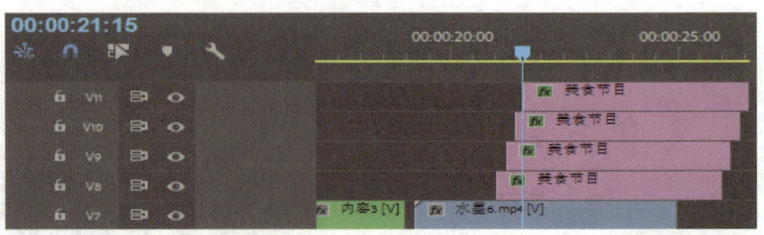

图 9-28 在"时间轴"面板中复制字幕并调整其位置

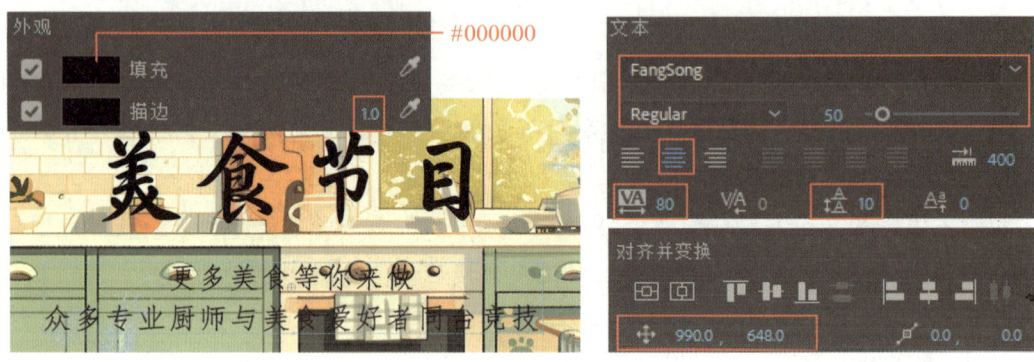

图 9-29 制作"更多美食……"字幕

步骤 12 首先为"更多美食……"字幕创建文本蒙版并调整蒙版路径（见图 9-30），然后在第 22 秒 20 帧和第 23 秒 15 帧处为"效果控件"面板中"文本（更多美食……）"下的"位置"属性添加关键帧，并设置第一个关键帧在垂直方向的位置值，使字幕垂直向下移动至蒙版外。

图 9-30 调整字幕的蒙版路径

步骤 13 调整步骤 7～步骤 12 中制作的字幕的出点，使它们的出点均位于第 26 秒。

步骤 14 首先删除音频轨道中的所有音频，然后将"音乐.mp3"素材拖至 A1 音频轨道中，剪掉音频素材开头的静音部分和超出视频素材的部分，并使其入点位于第 0 帧。

步骤 15 首先降低音频素材的音频增益（见图 9-31），然后为音频素材添加"高通"音频效果，并设置其屏蔽度值为 200.0，最后在音频素材的出点添加"恒定功率"音频过渡，并设置过渡的持续时间为 5 秒。至此，美食节目宣传片就全部制作完成了。

步骤 16 首先预览视频效果，然后参照图 9-32 中的参数设置导出视频，最后保存项目文件并关闭软件。

项目九 综合应用

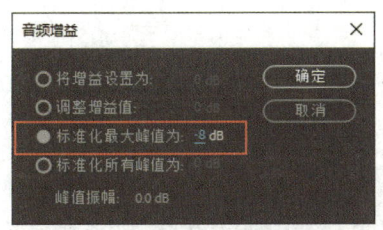

图 9-31 降低音频增益

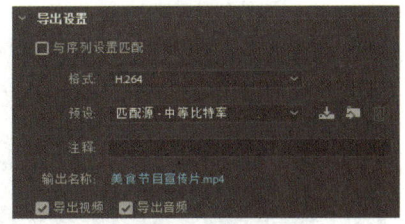

图 9-32 导出设置

拓展阅读

近年来，我国持续推进反餐饮浪费工作，出台一系列法律法规，开展"光盘行动"，加强监督执法，取得一定成效，但餐饮浪费现象仍然存在：食堂里，一碟碟剩菜被倒入垃圾桶；点外卖时，为了"满减优惠"超量点餐却无法吃完；在网络平台上，"奇葩烹饪"、暴饮暴食等视频并不罕见……

《中华人民共和国反食品浪费法》第二十二条指出，新闻媒体应当开展反食品浪费法律法规及相关标准和知识的公益宣传，报道先进典型，曝光浪费现象，引导公众树立正确饮食消费观念，对食品浪费行为进行舆论监督；禁止制作、发布、传播宣扬量大多吃、暴饮暴食等浪费食品的节目或者音视频信息。

"一粥一饭，当思来处不易。"勤俭节约是中华民族的传统美德。我们在制作视频时要积极传播正确的消费观、饮食观，提倡节俭、反对浪费，为促进绿色发展和可持续发展尽一份微薄之力。

任务二　制作汽车广告

任务分析

产品广告是指用于向消费者介绍产品的特征，直接推销产品，以打开销路、提高市场占有率的广告。产品广告作为一种宣传手段，要求简洁明了，能够在有限的时间内表达出重要信息，以突出主题，抓住消费者眼球，引起消费者对产品的兴趣。

本任务将制作汽车广告，效果如图 9-33 所示。该广告通过多方位的图片和视频展示了产品的外观和性能，还通过多种炫酷的特效，在突出品牌理念和产品风格的同时吸引了消费者的注意力，起到了很好的宣传作用。

图 9-33 汽车广告截图

任务实施

案例最终效果可参考本书配套素材"素材与实例"/"项目九"/"任务二"文件夹中的"汽车广告.mp4"文件。

1. 制作第一部分

制作第一部分时,首先使用蒙版、缩放和不透明度关键帧,以及"高斯模糊"视频效果制作字幕从屏幕外逐个缩小并渐显的效果;然后通

制作汽车广告
第一部分

项目九 综合应用

过剪辑视频素材和使用"颜色平衡（RGB）"视频效果制作画面故障闪烁的效果；接着使用源文本关键帧制作字幕逐字显现的打字机效果；最后使用"查找边缘""色彩""VR 发光"和"Lumetri 颜色"视频效果，以及混合模式和蒙版制作描边光效和激光扫描的效果。

步骤❶ 启动 Premiere Pro，新建一个名为"汽车广告"的项目。导入本书配套素材"素材与实例"/"项目九"/"任务二"文件夹中的素材文件。

步骤❷ 在"项目"面板中，参照图 9-34 中的序列设置新建名称为"总序列"的序列。

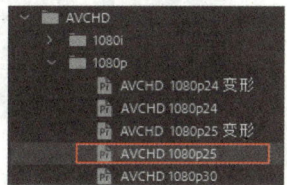

图 9-34　序列设置

步骤❸ 首先使用"文字工具" 在"节目"面板中输入文字"LEAPING"，并在"基本图形"面板中设置其属性；然后按住"Ctrl"键的同时拖动文字的中心点 至文字的中心位置，并依次单击"基本图形"面板中的"垂直居中对齐"按钮 和"水平居中对齐"按钮 ，使文字位于画面中央，如图 9-35 所示。

 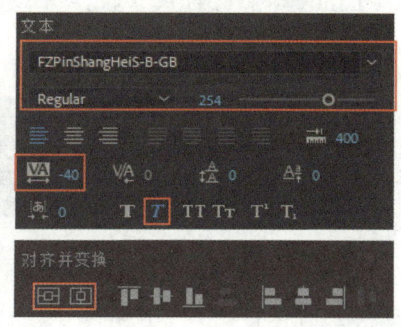

图 9-35　制作"LEAPING"字幕并使其位于画面中央

知识库

使用"选择工具" 选中文字或图形后，会显示其中心点 ，在缩放、移动文字或图形时，会以中心点为基准。拖动中心点可调整其位置。按住"Ctrl"键的同时拖动中心点会有红色虚线标示中心点的当前位置，以更加精确地调整其位置。

步骤❹ 首先为"LEAPING"字幕添加文本蒙版，使字幕只显示第一个字母；然后分别在第 0 帧和第 15 帧处为字幕添加缩放和不透明度关键帧（在"运动"和"不透明度"固定视频效果下的相应属性中添加关键帧），并设置第 0 帧处关键帧的属性值，为缩放关键帧设置"缓入"效果；最后为字幕添加"高斯模糊"视频效果，并在第 0 帧和第 15 帧处添加模糊度关键帧，设置第 0 帧处关键帧的属性值，如图 9-36 所示。

步骤⑤ 向上复制 6 份字幕，并依次向右移 3 帧。将时间指针移至字幕动画完全结束的位置，逐个调整各字幕中蒙版的路径，使字幕中的字母从左至右逐个显现，此时第 21 帧处的画面效果如图 9-37 所示。

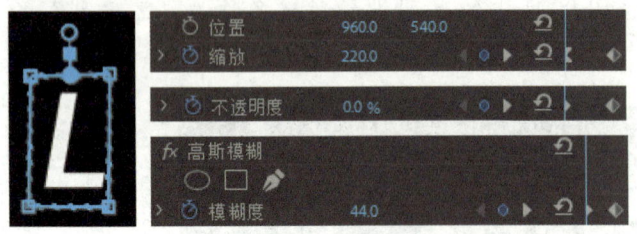 

图 9-36　字幕的蒙版效果及第 0 帧处各关键帧的属性值　　　图 9-37　第 21 帧处的画面效果

步骤⑥ 选中所有字幕并创建"文字动画"嵌套，将其移至 V2 视频轨道，使其入点位于第 7 帧。将"视频 1.mov"素材拖至 V1 视频轨道中，使其入点位于第 1 秒 10 帧。为视频素材创建"视频闪烁"嵌套，并打开该嵌套。

步骤⑦ 确保时间指针位于第 0 帧，将其向右移动 1 帧，按"Ctrl+K"组合键分隔"视频 1.mov"素材（需先选中该素材再按组合键）。参照上述方法，每隔 2 帧分割一次，将"视频 1.mov"素材剪成 7 段，并删除不需要的部分，制作视频闪烁效果，如图 9-38 所示。

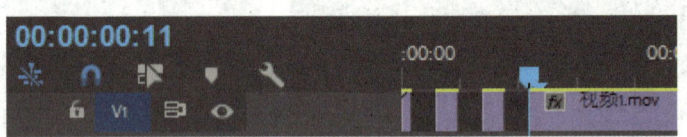

图 9-38　制作视频闪烁效果

步骤⑧ 将保留的第 2 段和第 3 段视频素材分别垂直向上复制一份。设置复制的第 2 段视频素材的不透明度值为 60.0%，在水平方向的位置值为 1020.0；为复制的第 3 段视频素材添加"颜色平衡（RGB）"视频效果，设置其红色值和绿色值分别为 0 和 60，混合模式为"滤色"，缩放值为 105.0，制作故障闪烁效果，两段视频素材的画面效果如图 9-39 所示。

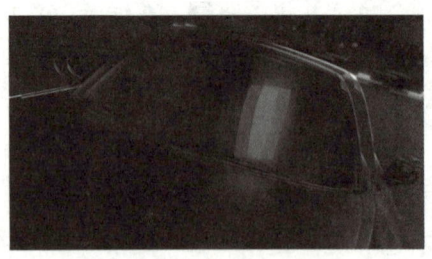 

图 9-39　故障闪烁的画面效果

步骤 9 返回"总序列"序列,使"视频闪烁"嵌套的出点位于第 2 秒 20 帧。为该嵌套的出点应用"黑场过渡"视频过渡,并设置过渡的持续时间为 10 帧,如图 9-40 所示。

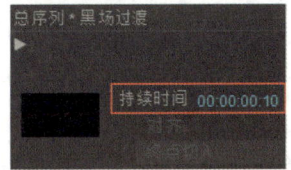

步骤 10 将时间指针移至第 2 秒 15 帧处,参照步骤 3 制作"CARS"字幕,如图 9-41 所示。

图 9-40 设置视频过渡的持续时间

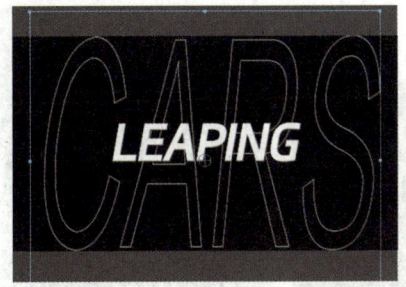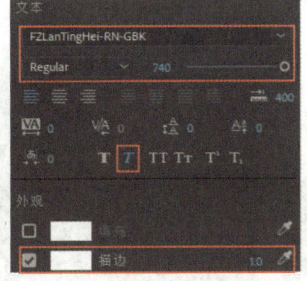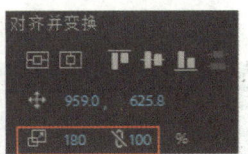

图 9-41 制作"CARS"字幕

步骤 11 首先在第 3 秒 2 帧处为"CARS"字幕添加源文本关键帧;然后将时间指针向左移 4 帧,并删除最后一个字母;接着将时间指针再向左移 4 帧,并删除当前的最后一个字母;最后重复上述步骤,使字幕只剩第一个字母(见图 9-42),制作打字机效果。

步骤 12 将"CARS"字幕"源文本"属性中的第 3 秒 2 帧处的关键帧复制到第 3 秒 7 帧处;将第 2 秒 23 帧处的关键帧复制到第 3 秒 11 帧处;将第 2 秒 19 帧处的关键帧复制到第 3 秒 15 帧处;将第 2 秒 15 帧处的关键帧复制到第 3 秒 19 帧处;最后在第 3 秒 23 帧处添加源文本关键帧并删除最后一个字母,制作文字逐个删除的效果。

步骤 13 将"视频 2.mov"素材拖至 V4 视频轨道中,使其入点位于第 3 秒 7 帧。为该素材的入点应用"拆分"视频过渡,设置过渡的持续时间为 15 帧,过渡方向为自北向南,如图 9-43 所示。

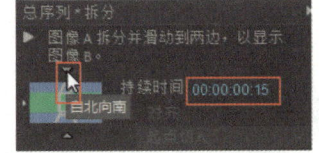

图 9-42 第 2 秒 15 帧处的效果   图 9-43 设置"拆分"视频过渡的属性

步骤 14 在第 3 秒 11 帧处,将"文字动画"嵌套剪成两部分,并删除第二段嵌套。为保留嵌套的出点应用"拆分"视频过渡,设置过渡的持续时间为 4 帧,过渡方向为自北向南。

步骤 15 在第 5 秒 12 帧处将"视频 2.mov"素材剪成两部分,并将第二部分垂直向上复制一份。

选中复制的素材,首先为其添加"查找边缘"视频效果,并选中"反转"复选框;然后为其添加"色彩"视频效果,设置相应属性,并设置混合模式为"滤色";接着添加"VR 发光"视频效果并设置相应属性;最后为其添加"Lumetri 颜色"视频效果并设置相应属性,制作炫酷的描边光效,如图 9-44 所示。

"色彩"视频效果

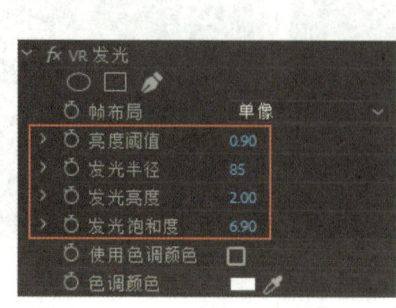
"VR 发光"视频效果

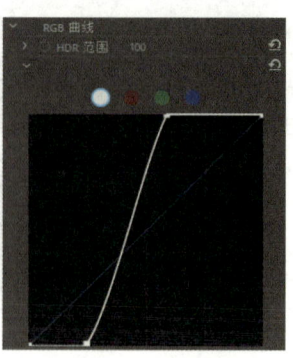
"Lumetri 颜色"视频效果

图 9-44　设置视频效果的相应属性

步骤 16 保持当前素材的选中状态,将时间指针移至第 5 秒 12 帧处,首先单击"效果控件"面板中"不透明度"固定视频效果下的"自由绘制贝塞尔曲线"按钮,并沿着轮胎绘制蒙版;然后分别在第 5 秒 12 帧和第 6 秒 5 帧处添加蒙版路径关键帧,并调整第二个关键帧处蒙版的路径,使蒙版跟随轮胎运动,如图 9-45 所示。

图 9-45　第 5 秒 12 帧和第 6 秒 5 帧处的蒙版

> **提示**
>
> 为了使蒙版能够紧紧跟随轮胎运动,可在第 5 秒 12 帧和第 6 秒 5 帧之间(蒙版没有恰好覆盖轮胎范围的位置)再添加一个或多个关键帧并调整蒙版的路径。

步骤 17 剪辑出复制的视频素材的最后 1 帧,设置最后 1 帧视频素材的持续时间为 14 帧,并调整该视频素材中蒙版的路径,使蒙版恰好覆盖轮胎。参照上述方法调整原第二段"视频2.mov"素材的持续时间。在调整完持续时间的视频素材的出点应用"黑场过渡"视频过渡，设置过渡的持续时间均为10帧，此时的"时间轴"面板效果如图9-46所示。

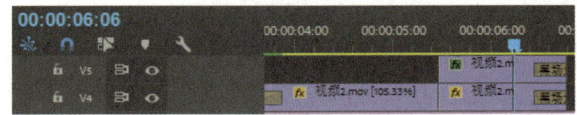

图9-46　应用视频过渡后的"时间轴"面板效果

步骤 18　将"视频3.mp4"素材拖至V4视频轨道中，并接排"视频2.mov"素材。垂直向上复制一份"视频3.mp4"素材，并参照步骤15为复制的素材制作描边光效（或直接复制"视频2.mov"素材中有关描边光效的视频效果，并根据实际情况进行调整）。

步骤 19　参照步骤16制作蒙版动画，使光效从左上角扫到右下角，制作激光扫描效果。绘制蒙版时先绘制一个长方形，再将其旋转，使其从左下到右上沿斜对角贯穿画面（见图9-47），最后分别调整"视频3.mp4"素材开头和结尾处的蒙版位置。

图9-47　绘制蒙版

步骤 20　参照步骤17为两个"视频3.mp4"素材的出点应用"黑场过渡"视频过渡。至此，第一部分的内容就制作完成了。

2. 制作第二部分

制作第二部分时，首先使用"黑白"视频效果、"颜色遮罩"和混合模式制作暗色底图，并使用"轨道遮罩键"和"斜面Alpha"视频效果制作字幕的镂空和浮雕效果；然后通过缩放关键帧和调整其运动路径，调整图片缩放时的运动速率。

制作汽车广告
第二部分

步骤 1　将"CARS"字幕水平向右复制一份，使其入点位于第9秒19帧，并删除字幕中逐个删除文字的相应源文本关键帧。分别在第10秒6帧和第10秒20帧处为复制的字幕添加缩放关键帧，设置第二个关键帧的缩放值为105.0。

步骤 2　在第10秒20帧处将复制的字幕剪成两部分，并删除第二段字幕。将"图片1.jpg"素材拖至V3视频轨道中，并接排复制的字幕。选中图片素材，创建"图片1"嵌套，并打开该嵌套。

步骤3 首先设置图片素材的缩放值为120.0，并为其添加"黑白"视频效果；然后在"项目"面板中新建"颜色遮罩"，设置其遮罩颜色为黑色（#000000）；最后将"颜色遮罩"拖至V4视频轨道中，使其入点位于第0帧，并设置其不透明度值为80.0%，混合模式为"相乘"，制作底图。

步骤4 首先将"图片1.jpg"素材再次拖至V5视频轨道中，使其入点位于第0帧，设置其缩放值为85.0；然后参照制作第一部分中的步骤3制作"BLUE"字幕（位于V6视频轨道），使其入点位于第0帧，并设置其字体大小为340。

步骤5 为V5视频轨道中的"图片1.jpg"素材依次添加"轨道遮罩键"和"斜面Alpha"视频效果，并设置它们的相应属性，如图9-48所示。调整"BLUE"字幕的位置值为936.0、620.0，制作顶图，得到字幕的镂空和浮雕效果，如图9-49所示。

 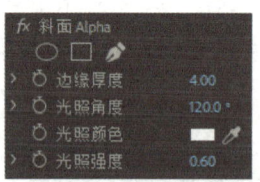 

图9-48　设置两个视频效果的相应属性　　　　　　图9-49　顶图效果

步骤6 首先在第0帧、第10帧和第1秒15帧处为V3视频轨道中的图片素材分别添加缩放关键帧，并设置其缩放值分别为180.0、120.0和240.0；然后为后两个关键帧均设置"缓入"和"缓出"效果，并展开"缩放"属性，调整其运动速率；最后将时间指针移至第0帧处，调整图片素材的位置，使其在视觉上位于画面中央，制作底图缩放的效果，如图9-50所示。

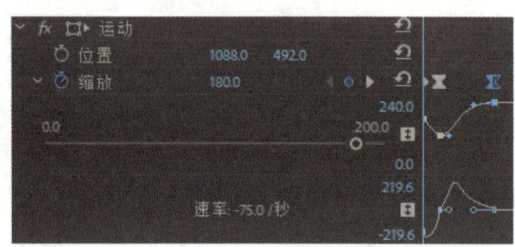 

图9-50　制作底图缩放的效果

步骤7 将V3视频轨道中的图片素材的"运动"固定视频效果复制到V5视频轨道中的图片素材的"运动"固定视频效果中，并更改其缩放关键帧的属性值分别为130.0、85.0和165.0。至此，"图片1"嵌套的动画效果就制作完成了，返回"总序列"序列。

步骤8 在第13秒5帧处将"图片1"嵌套剪成两部分，删除第二段嵌套，并为嵌套的出点应用"拆分"视频过渡，设置过渡的持续时间为10帧。

步骤 ❾ 首先将"视频4.mp4"素材拖至V3视频轨道中,剪掉该素材开头的黑屏部分;然后设置剩余素材的持续时间为3秒10帧,并使其接排"图片1"嵌套。

步骤 ❿ 参照第一部分中制作描边光效的方法,复制"视频4.mp4"素材并为复制素材制作描边光效。分别在第13秒15帧和第14秒10帧处为复制的素材添加缩放和将白色映射到关键帧,并设置关键帧的属性值,如图9-51所示。

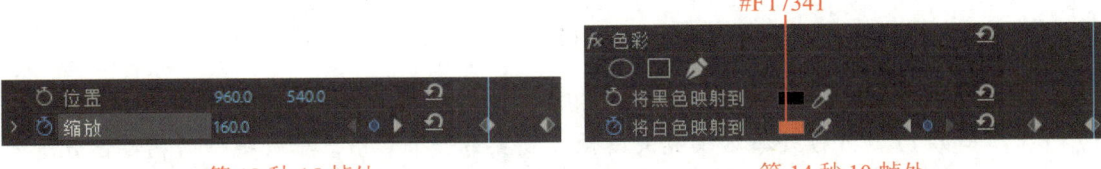

第13秒15帧处　　　　　　　　　第14秒10帧处

图9-51　设置缩放和将白色映射到关键帧的属性值

步骤 ⓫ 将"图片2.png"素材拖至V5视频轨道中,使其入点和出点分别与"视频4.mp4"素材的入点和出点相同。首先设置"图片2.png"素材的混合模式为"滤色",不透明度值为70.0%;然后为其创建蒙版,设置蒙版羽化值为60.0,如图9-52所示;最后分别在第13秒5帧和第13秒20帧处添加不透明度关键帧,并设置第一个关键帧的属性值为0.0%。至此,第二部分的内容就制作完成了。

图9-52　为"图片2.png"素材创建蒙版

3. 制作第三部分

制作第三部分时,主要是使用"相机模糊"和"高斯模糊"视频效果制作文字发光的效果,并通过剪辑素材制作文字灯光闪烁的效果。

步骤 ❶ 首先将"图片3.jpg"素材拖至V3视频轨道中,使其接排"视频4.mp4"素材,并设置其持续时间为2秒15帧,然后设置其缩放值为220.0,在水平方向的位置值为1240.0。

制作汽车广告
第三部分

步骤 ❷ 垂直向上复制"图片3.jpg"素材,设置其持续时间为20帧,并为复制的素材制作描边光效。

步骤 3 参照第二部分中步骤 10 的方法为描边光效制作光效颜色从橙色（#F17341）转变为蓝色（#60D1F1）的效果，如图 9-53 所示。

图 9-53 "将白色映射到"属性中关键帧的位置

步骤 4 选中复制的"图片 3.jpg"素材，首先分别在第 16 秒 15 帧、第 17 秒、第 17 秒 3 帧和第 17 秒 5 帧处添加缩放关键帧，设置第一个和第三个关键帧的属性值分别为 260.0 和 235.0；然后分别在第 17 秒 5 帧和第 17 秒 10 帧处添加不透明度关键帧，并设置最后一个关键帧的属性值为 0.0%，制作描边光效震动且逐渐消失的效果。

步骤 5 在原"图片 3.jpg"素材的第 17 秒 10 帧和第 18 秒 10 帧处分别添加缩放和位置关键帧，设置第二个关键帧处的缩放值为 63.0、水平方向的位置值为 982.0，并为第二个关键帧设置"缓入"效果。

步骤 6 将"项目"面板中的"图片 3.jpg"素材再次拖至 V1 视频轨道中，使其入点位于第 16 秒 15 帧，设置其持续时间为 3 秒 20 帧。参照第二部分中步骤 3 制作底图的方法，将刚拖入的"图片 3.jpg"素材制作成底图（图片素材的缩放值不变），此时的"时间轴"面板效果如图 9-54 所示。

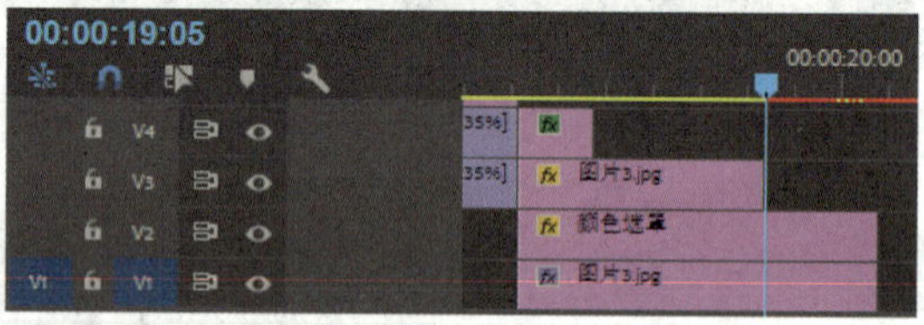

图 9-54 将"图片 3.jpg"素材制作成底图后的"时间轴"面板效果

步骤 7 通过不透明度关键帧在最后 10 帧为 V3 视频轨道中的"图片 3.jpg"素材制作渐隐效果，如图 9-55 所示。为 V1 和 V2 视频轨道中最后一个素材的出点应用"黑场过渡"视频过渡，并设置过渡的持续时间均为 10 帧。

步骤 8 在"项目"面板中复制"文字动画"嵌套并重命名为"文字发光"。将"文字发光"嵌套拖至 V5 视频轨道中，使其入点位于第 17 秒 10 帧，设置其播放速度为 180%，如图 9-56 所示。首先打开"文字发光"嵌套，调整所有字幕的出点均位于第 10 秒；然后返回"总序列"序列，设置该嵌套的出点位于第 21 秒 10 帧。

步骤 9 在第 19 秒 5 帧处将"文字发光"嵌套剪成两部分，将第二段嵌套垂直向上复制两份。为复制的嵌套分别添加"相机模糊"和"高斯模糊"视频效果，并设置它们的属性，制作文字发光的效果，如图 9-57 所示。

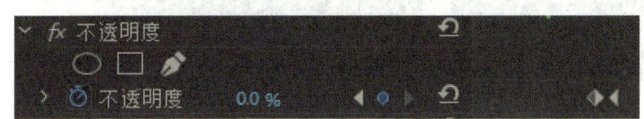

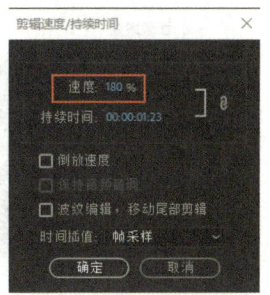

图 9-55　制作渐隐效果　　　　　图 9-56　加快播放速度

图 9-57　"相机模糊"和"高斯模糊"视频效果的属性设置

步骤⑩　从第 19 秒 24 帧开始剪掉复制的两个嵌套的 1 帧,之后每隔 1 帧剪掉 1 帧,一共剪掉 4 帧,制作文字灯光闪烁的效果,如图 9-58 所示。

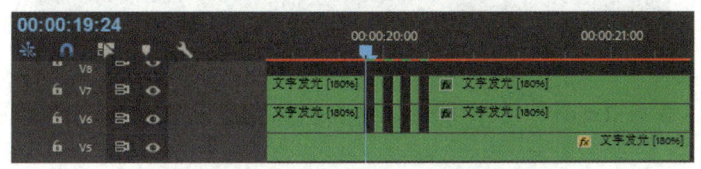

图 9-58　制作文字灯光闪烁的效果

步骤⑪　在第 20 秒 9 帧和第 20 秒 19 帧处为复制的两个嵌套分别添加不透明度关键帧,并设置第二个关键帧的属性值为 0.0%,制作光灭的效果。至此,第三部分的内容就制作完成了。

4. 添加音乐

为汽车广告添加音乐时,首先添加一个合适的背景音乐,然后根据视频画面添加一些音效,使广告中的声音更加丰富、饱满。

为汽车广告
添加音乐

步骤①　首先删除音频轨道中的所有音频,然后将"音乐.mp3"素材拖至 A1 音频轨道中,使其入点位于第 0 帧,并剪掉其超出视频素材的部分。

步骤②　设置"音乐.mp3"素材的音频增益和音量,降低其音量,如图 9-59 所示。为音频素材的入点和出点均添加"指数淡化"音频过渡,并设置过渡的持续时间均为 2 秒,制作音乐淡入、淡出的效果。

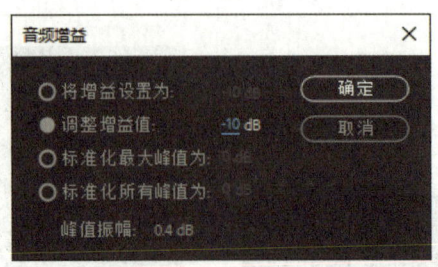

图 9-59 设置音频增益和音量

步骤❸ 将"音效 1.mp3"素材拖至 A2 音频轨道中，使其入点位于第 0 帧，截取其第 7 秒 10 帧至第 10 秒 20 帧之间的音频（删除音频的多余部分）。使截取的音频素材的入点位于第 0 帧，并分别在第 2 秒和第 3 秒 11 帧处为其添加级别关键帧，设置关键帧属性值分别为 4.0 和 -10.0，制作音效淡出的效果，此时的"时间轴"面板效果如图 9-60 所示。

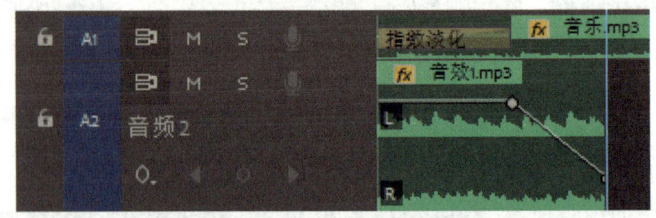

图 9-60 调整"音效 1.mp3"素材后的"时间轴"面板效果

步骤❹ 将"音效 2.wav"素材拖至 A2 音频轨道中，使其入点位于第 5 秒 15 帧，并截取其第 6 秒 19 帧之后的音频。使截取的音频素材的入点位于第 5 秒 15 帧，并设置其音量为 -4.0。

步骤❺ 将"音效 3.mp3"素材拖至 A2 音频轨道中，使其入点位于第 6 秒 19 帧，并设置其播放速度为 80%。为"音效 3.mp3"素材添加"低通"音频效果，并设置其屏蔽度值为 1000.0。

步骤❻ 将"音效 4.mp3"素材拖至 A2 音频轨道中，使其入点位于第 13 秒 6 帧。截取其第 16 秒 12 帧之前的音频，设置其音频增益为 -8。在第 14 秒 6 帧处将截取的音频素材剪成两部分，设置第一段音频素材的音量为 -8.0，第二段音频素材的音量为 -5.0。

步骤❼ 将第二段音频素材垂直向下复制一份，并设置其倒放，使音效更加丰富。在原第二段音频素材和复制的第二段音频素材的第 15 秒 21 帧和第 16 秒 12 帧处均添加级别关键帧，并设置第二个关键帧的属性值为最低。

步骤❽ 将"音效 5.mp3"素材拖至 A2 音频轨道中，使其入点位于第 19 秒 22 帧，并剪掉其超出视频素材的部分。设置该音频素材的音量为 -2.0。至此，汽车广告的音乐就制作完成了，此时的"时间轴"面板效果如图 9-61 所示。

项目九 综合应用

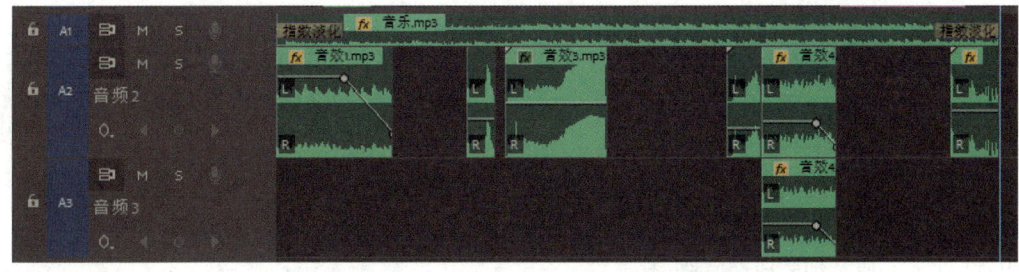

图 9-61　添加音乐后的"时间轴"面板效果

步骤❾ 汽车广告全部制作完成,首先预览视频效果,然后参照图 9-62 中的参数设置导出视频,最后保存项目文件并关闭软件。

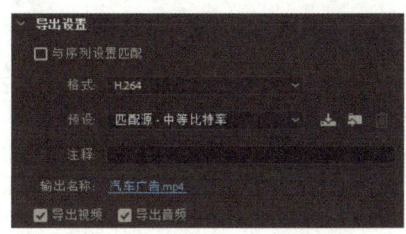

图 9-62　导出设置

完成所有学习任务之后,请按照以下要求完成项目评价。

全班同学每 5 人一组,各组成员结合课前和课中的学习情况,按照表 9-1 中的评价标准对本项目的学习效果进行自评和互评(小组组内成员互相打分),并请教师进行总体评价。

表 9-1　学习效果评价表

评价项目	评价内容	分值	评价分数		
			自评	互评	师评
知识 (30%)	制作节目宣传片的要点和一般方法	15 分			
	制作产品广告的要点和一般方法	15 分			
技能 (50%)	根据实际需求灵活运用 Premiere Pro 制作节目宣传片	25 分			
	根据实际需求灵活运用 Premiere Pro 制作产品广告	25 分			

表 9-1（续）

评价项目	评价内容	分值	评价分数		
			自评	互评	师评
素养（20%）	勤于思考，善于沟通、协作	5 分			
	按时、积极参加各项活动	5 分			
	高质量地完成课堂练习	5 分			
	具备良好的学习态度	5 分			
合计		100 分			
总评	自评（20%）+ 互评（20%）+ 师评（60%）=	综合等级：	指导教师（签名）：		

注：综合等级可以"优"（总评得分≥90 分）、"良"（80 分≤总评得分＜90 分）、"中"（60 分≤总评得分＜80 分）、"差"（总评得分＜60 分）为标准进行评价。

参考文献

[1] 唯美世界,曹茂鹏. 中文版 Premiere Pro 2023 完全案例教程:微课视频版[M]. 北京:中国水利水电出版社,2023.

[2] 邢悦,李婧瑶. Premiere Pro CC 2019 核心应用案例教程:全彩慕课版[M]. 北京:人民邮电出版社,2020.

[3] 创艺云图. 中文版 Premiere Pro 从入门到实战视频教程:全彩版[M]. 北京:电子工业出版社,2023.

[4] 黄春光,孙晓春. Premiere 职业应用项目教程[M]. 第2版. 北京:机械工业出版社,2023.

[5] 文森学堂. Adobe Premiere Pro 官方认证标准教材[M]. 北京:清华大学出版社,2023.

[6] 李涛. Premiere Pro CC 2021 案例教程[M]. 第3版. 北京:高等教育出版社,2022.

[7] 敬伟. Premiere Pro 2022 从入门到精通[M]. 北京:清华大学出版社,2022.